DIE STÄRKE

Bibliographie der Weltliteratur

von

Prof. Dr. habil. Max Ulmann

Herausgegeben vom Institut für Ernährung
Potsdam-Rehbrücke
der Deutschen Akademie der Wissenschaften zu Berlin

LIEFERUNG 3

Hauptgruppe 2:
Technologie der Getreidestärken und sonstiger Stärkerohstoffe

AKADEMIE-VERLAG · BERLIN

1967

Erschienen im Akademie-Verlag GmbH, 108 Berlin, Leipziger Straße 3—4

Lizenznummer 202 · 100/582/67
Gesamtherstellung: VEB Druckerei „Thomas Müntzer", 582 Bad Langensalza
Bestellnummer 3055/3 · ES 20 M 8, 1 E
14,—

Grundeinteilung der Stärkebibliographie

Hauptgruppen 0 bis 9

0. Allgemeines
1. Technologie der Kartoffelstärke
2. Technologie der Getreidestärken und sonstiger Stärkerohstoffe
3. Technologie veränderter Stärken und Stärkeabbauprodukte
4. Verwendungsgebiete der Stärke und Spezialstärkeprodukte
5. Analytische Bestimmung und Untersuchung der Stärke
6. Stärkederivate und spezielle Chemie der Stärke
7. Aufbau und Konstitution der Stärke
8. Kolloidchemie der Stärke und der Stärkelösungen
9. Enzymatische Arbeiten

Hauptgruppe 2 :

Technologie der Getreidestärken und sonstiger Stärkerohstoffe

20. **Gemeinsames zur Gewinnung von Getreidestärken**
    - 200. Allgemeines
    - 201. Das Getreidekorn und seine Bestandteile
    - 202. Fragen der Stärkegewinnung
    - 203. Patente
    - 204. Trocknung und Nachbehandlung der Stärke
    - 205. Kleber

21. **Weizenstärke**
    - 210. Allgemeines
    - 211. Das Weizenkorn und seine Bestandteile
    - 212. Fragen der Stärkegewinnung
    - 213. Patente
    - 214. Weizenkleber
    - 215. Nebenprodukte und Abwasserfragen
    - 216. Betriebskontrollen und Eigenschaftsuntersuchungen

22. **Roggenstärke**
    - 221. Fragen der Stärkegewinnung
    - 222. Sonstiges

23. **Gerstenstärke**
    - 231. Fragen der Stärkegewinnung
    - 232. Sonstiges

24. **Maisstärke**
    - 240. Allgemeines
    - 241. Das Maiskorn und seine Bestandteile
    - 242. Fragen der Stärkegewinnung
    - 243. Patente
    - 244. Einweichen, Entkeimen und Naßmahlung
        - 2441. Einweichen und Quellwasser
        - 2442. Entkeimen
        - 2443. Naßmahlung

245. Trocknung und Nachbehandlung der Stärke
246. Maiskleber
247. Nebenprodukte und Abwasserfragen
248. Betriebskontrollen und Eigenschaftsuntersuchungen

25. <u>Reisstärke</u>
250. Allgemeines
251. Das Reiskorn und seine Bestandteile
252. Fragen der Stärkegewinnung
253. Patente
254. Nebenprodukte

26. <u>Hirsestärke</u>
260. Allgemeines
261. Das Hirsekorn und seine Bestandteile
262. Fragen der Stärkegewinnung

27. <u>Maniokastärke</u>
270. Allgemeines
271. Die Maniokawurzel und ihre Bestandteile
272. Fragen der Stärkegewinnung
273. Betriebskontrollen und Eigenschaftsuntersuchungen

28. <u>Batatenstärke</u>
280. Allgemeines
281. Die Batate und ihre Bestandteile
282. Fragen der Stärkegewinnung
283. Betriebskontrollen und Eigenschaftsuntersuchungen

29. <u>Weitere tropische Stärken</u>
290. Allgemeines
291. Marantastärke
292. Sagostärke
293. Sonstige Arrowroot-Stärken

Hauptgruppe 2: Technologie der Getreidestärken und sonstiger Stärkerohstoffe

2. Technologie der Getreidestärken und sonstiger Stärkerohstoffe

20. Gemeinsames zur Gewinnung von Getreidestärken
21. Weizenstärke
22. Roggenstärke
23. Gerstenstärke
24. Maisstärke
25. Reisstärke
26. Hirsestärke
27. Maniokastärke
28. Batatenstärke
29. Weitere tropische Stärken

20. Gemeinsames zur Gewinnung von Getreidestärken

200. Allgemeines
201. Das Getreidekorn und seine Bestandteile
202. Fragen der Stärkegewinnung
203. Patente
204. Trocknung und Nachbehandlung der Stärke
205. Kleber

200. Allgemeines

(Vgl. auch "Technologie der Kartoffelstärke, Allgemeines": 10, "Stärkebildung": 7232)

Überblick über die gegenwärtigen Kenntnisse der Getreidestärken. Vanossi, L. Tecnica Molitoria 15. 111-14 (1964) - Ref. Stärke 17. 97 (1965).

Getreide-Biochemie. Janicki, J. und Sobkowska, E. Przeglad Zbozowo-Mlynarski 7. 349-52 (1963) - Ref. C.A. 60. 12369g (1964).

Aspekte der Chemie der Getreide-Polysaccharide. Aspinall, G.O. und Greenwood, C.T. J.Inst.Brewing 68. 167-78 (1962) - Ref. C.A. 57. 1380c (1962), C. 1963. 5681. Ref.J.Chem.(russ.) 1962. 23 N380. Stärke 17. 28 (1965).

Die Entwicklung von Kohlendioxyd bei der Getreidelagerung in Silos und die sich daraus ergebenden Folgerungen. Bretzke, W. Stärke 13. 375-79 (1961) - Ref.J.Chem.(russ.) 1962. 11 N290. C. 1962. 12866.

Zur Frage der Getreideerwärmung. Wershbitzkaja, W.A. und Maltschenko, A.L. Spiritus-Ind.(russ.) 26. Nr.7. 6-8 (1960) - Ref. C. 1961. 12668. Stärke 14. 150 (1962).

<u>The Chemistry and Technology of Cereals as Food and Feed. (Chemie und Technologie des Getreides als Nahrungs- und Futtermittel).</u> Matz, S.A. Westport, Conn.: AVI Publ.Co. <u>1959</u>. 732 S.

<u>Elektrische Fernsteuerung im Dienste der Qualitätsüberwachung bei der kontinuierlichen Stärke-Gluten-Separierung.</u> Carlson, W.E. Food Engng. <u>30</u>. 76-77 (1958).

<u>Analysieren von Getreide und anderen stärkehaltigen Materialien.</u> Hagberg, C.S.O. D.A.S. 1 101 021 Kl.421 vom 23/11. 1956., ausg. 2/3. 1961. Schwed.Prior. 24/11. 1955. - Ref. C. <u>1962</u>. 8104.

<u>Untersuchungsergebnisse an Getreide und Getreidestärken.</u> Pelshenke, P.F., Schäfer, W. und Lindemann, E. Vestnik Sloven.Kem. Društva <u>1</u>. 117-23 (1954) - Ref. C.A. <u>50</u>. 5181g (1956).

<u>Gewinnung von Stärke aus kleinen Körnern.</u> MacMasters, M.M. und Rist, C.E. Econ.Botany <u>5</u>. 338-47 (1951) - Ref. C.A. <u>46</u>. 1277 (1952).

<u>Gegenwärtige Fachfragen in der Getreidestärkeerzeugung.</u> Witt, F. Z. Lebensmittel-Unters. u. Forsch. <u>89</u>. 543. (1949).

<u>Moderne Getreide-Chemie (Modern cereal chemistry).</u> Kent-Jones,D.W. und Amos, A.J. 4th.ed. Liverpool: The Northern Publishing Co. Ltd. <u>1947</u>. (VII + 651 S.) - Ref. C. <u>1948</u>. I. 861.

<u>Getreidestärkenprobleme.</u> Food <u>13</u>. 163-66 (1944).

<u>Stärke von einheimischen Knollen und Getreidearten.</u> Gupta, Das und Subrahmanyan, V. Agric.and Live-stock, India <u>4</u>. 645 (1934).

<u>Verarbeitung von Mais, Reis, und Kartoffeln zu Stärke.</u> Riemann, O. Mühle <u>69</u>. 1083-85. (1932) - Ref. C. <u>1932</u>. II. 3798.

<u>Über das Getreide und die Gerste von Madagaskar.</u> Balland J.Pharmac.Chim. <u>19</u>. 377-381 (1904) - Ref. C. <u>1904</u>. I. 1535.

201. Das Getreidekorn und seine Bestandteile

(Vgl. auch "Stärkebestimmung in Getreide": 522)

<u>Chemische Systematik der Getreideeiweißkörper.</u> Waldschmidt-Leitz, E. Europ.Brewery Convent.,Proc.Congr.,Brüssel <u>1963</u>. 78-84 (1964) - Ref. C. <u>1966</u>. 20-3020.

<u>Gesamtpolyphenole ("Vitamin P") in Getreide und Mehl.</u> Heintze, K. Getreide u. Mehl <u>14</u>. 71-72 (1964) - Ref. C. <u>1966</u>. 20-3021.

<u>Die Fettsäurezusammensetzung von schwedischen Weizen-, Gersten-, Hafer- und Roggensorten.</u> Lindberg, P., Bingefors, S., Lannek, N. und Tanhuanpää,E. Acta Agric.scand. <u>14</u>. 3-11 (1964) - Ref. C. <u>1965</u>. 16-2975.

<u>Untersuchungen über Mono- und Oligosaccharide im reifenden Korn.</u> Rohrlich, M. und Essner, W. Getreide u. Mehl <u>10</u>. 121-25 (1960).

<u>Die chemische Zusammensetzung des Korns einiger Gerstensorten der Ernte 1952-1953.</u> Kusminskaja, T.F. Hochschulnachr.,Nahrungsmittel-Technol.(russ.) <u>1958</u>. 20-24. - Ref. C. <u>1964</u>. 2123.

Beitrag zur Untersuchung der Eiweißstoffe verschiedener Getreidearten. Kosmin, N.P. Mühle 95. 153-54 (1958) - Ref. C. 1958. 12553.

Qualität und Quantität von Stärke in Getreide- und Leguminosensamen. Smirnowa-Ikonnikowa, M.I. und Peruanski, Ju.W. Kohlenhydrate u. Kohlenhydratstoffwechsel im tierischen und pflanzl. Organismus, Konferenzmaterial (russ.) Moskau 1959. 241-46. - Ref. C.A. 55. 7565i (1961).

Getreidekohlenhydrate. Preece, I.A. Roy.Inst.Chem.,Lectures,Monogr.Rep. 1957. 1-24. - Ref. C. 1959. 11754.

Neuere Erkenntnisse über die physiologische Wirkung von Vitaminen, speziell Vitamin C (Ascorbinsäure). Schmorl, K. Stärke 9. 250-52 (1957).

Der Einfluß von Begasungsmitteln auf die Getreidekomponenten. Iwata, I. und Sakurai, Y. J.Jap.Soc.Food Nutrit. 9. 140-42 (1956) - Ref. C.A. 51. 11482e (1957).

Die Zusammensetzung von Getreide. Eine Übersicht über die Kohlenhydrate des Weizens und anderer Getreidearten. Montgomery, R. und Smith, F. J.agric.Food Chem. 4. 716-20 (1956).

Die Kohlenhydrate des Getreides. Carles, J. C.R.hebd.Séances Acad. Sci. 241. 1329-31 (1955) - Ref. C. 1958. 10405.

Nichtstärkepolysaccharide der Getreidekörner. 7.Mitt. Vorläufige Untersuchung der Pentosanenzymolyse. Preece, I.A. und Hobkirk, R. J.Inst.Brewing 61. (N.S.) 52. 393-99 (1955) - Ref. C. 1957. 12210.

Nichtstärkepolysaccharide von Getreidekörnern. 6.Mitt. Vorläufige Untersuchung der Enzymolyse von Gerste-ß-Glucosan. Preece, I.A. Aitken, R.A. und Dick, J.A. J.Inst.Brewing 60. (N.S. 51) 497-507 (1954) - Ref. C. 1956. 12307.

Nichtstärkepolysaccharide von Getreidekörnern. 5.Mitt. Einige Hemicellulosefraktionen. Preece, I.A. und Hobkirk, R. J.Inst. Brewing 60. (N.S.51.) 490-96 (1954) - Ref. C. 1956. 12307.

Nichtstärkepolysaccharide von Getreidekörnern. 3.Mitt. Höhermolekulare Gummi von gewöhnlichem Getreide. Preece, I.A. und Hobkirk, R. J.Inst.Brewing 59. (N.S.50.) 385-97 (1953) - Ref. C. 1956. 4476.

Nichtstärkepolysaccharide von Getreidekörnern. 2.Mitt. Verteilung der wasserlöslichen gummiartigen Stoffe in Getreide. Preece, I.A. und Mackenzie, K.G. J.Inst.Brewing 58. (N.S.49.) 457-64 (1952) - Ref. C. 1956. 6368.

Zur Beurteilung des Rohfasergehaltes von Getreideerzeugnissen. Bergner, Getreide, Mehl u. Brot 2. 141 (1948).

Die Zusammensetzung von Weizen, Roggen und Gerste. Die Beurteilung der Gerste. Schmorl, K. Mühle 80. 49 (1943).

Protein und andere Getreidebestandteile. Food 10. 160-61. (1941) - Ref. C. 1941. II. 2887.

Nahrungsmittel der Nation. 2. Getreide als Nahrungsmittel. Chemische Zusammensetzung und Nährwert von Mais, Reis, Roggen und Gerste. Ford, W.P. Chem.and Ind. 60. 875-78 (1941).

Über den Einfluß zusätzlicher und zeitlich gestaffelter Stickstoffgaben. Baumeister, W. Forschungsdienst 9. 254-66 (1940).

Ausgereiftes Getreide enthält die höchsten Nährwerte. Schmorl, K. Mitt.Landwirtsch. 53. 938 (1938).

Beitrag zur Untersuchung der Stärkebestimmung in Getreide. II.Mitt. Beziehungen zwischen Stärke- und Cellulosegehalt. Ionescu, M.V. und Slusanschi, H. An.Inst.Cercetări agronom.României (Ann. Inst.Rech.agronom.Roum.) 10. 358-76 (1938) - Ref. C. 1940. I. 2573.

Über den Gehalt der einzelnen Getreidearten, der Mehle und der Stärke an Kieselsäure. Strohecker, R., Vaubel, R. und Breitwieser,K. Z.ges.Getreide-, Mühlen- und Bäckereiwes. 22. 131-33. (1935) - Ref. C. 1935. II. 2593.

Versuch über die ertragssteigernde Wirkung einer Kohlensäuredüngung auf dem Felde. Gerlach und Seidel. Landwirtsch.Jb. 66. Erg. Bd. 1. 13-15 (1927).

Unterscheidung der Graminaceen nach der Natur ihrer Kohlehydratvorräte. Colin, H. und Cugnac, A.de C.R.hebd.Séances Acad.Sci. 182. 1637-39 (1926) - Ref. C. 1926. II. 1536.

Die löslichen Kohlenhydrate im Getreidekorn, insbesondere während der Entwicklung. Colin, H. und Belval, H. C.R.hebd.Séances Acad.Sci. 177. 343-46 (1923) - W.Ref. 2159, C.A. 17. 3693 (1923).

Wert des Getreides aus der Ernte 1921. Bouyer, J. Ann.Falsificat. Fraudes 15. 332-337 (1922) - W.Ref. 1654, C.A. 17. 158 (1923).

Botanische und chemische Untersuchungen an prähistorischen Getreidekörnern aus alten Gräberfunden. I. Zur Kenntnis der Kleberzellen und der Kleberverteilung in den Getreidekörnern. Brahm, C. und Buchwald, J. Z.Unters.Nahrungs- u. Genußm. 7. 12-19 (1904) - Ref. C. 1904. I. 526.

202. Fragen der Stärkegewinnung

(Vgl. auch "Allgemeine industrielle Probleme": 04, "Technologie der Kartoffelstärke, technologische Fragen": 102)

Ein Universalschema zur Verarbeitung von Getreiderohstoffen auf Stärkeprodukte. Tregubow, N.N. Zucker-Ind.(russ.) 36. Nr.7. 55-58 (1962) - Ref.J.Chem.(russ.) 1963. 4 R257. C.A. 58. 649g (1963).

Die Kombination der Industrie der Getreidestärke mit der Alkoholindustrie. Abragam, D.R. Zucker-Ind.(russ.) 36. Nr.5. 60-63 (1962) - Ref.J.Chem.(russ.) 1962. 24 N470. C.A. 57. 8786a (1962), C. 1965. 39-2946.

Eine Methode für die vollkommene Gewinnung des gesamten Stärkegehaltes im Mehl. Adkins, G.K. Stärke 14. 129-30 (1962) - Ref. J.Chem.(russ.) 1962. 23 N387. C.A. 57. 4917d (1962), C. 1963. 7569.

Die alkalische Methode zur Stärkegewinnung aus Mehl und über die Überwindung der Saisongebundenheit der Stärke- und Stärkesirupproduktion. Rubinschtein, M.Ja. und Schtyrkowa, Je.A. Zucker-Ind.(russ.) 35. Nr.2. 61-65 (1961) - Ref.J.Chem. 1961. 18 N315 C.A. 56. 1656d (1962), Stärke 13. 352 (1961), C. 1962. 17595.

Ein Apparat zur Herstellung von Mehlsuspensionen bei der Produktion von Stärke aus Mehl. Tschapikowskii, G.I. Zucker-Ind. (russ.) 35. Nr.3. 62-64 (1961) - Ref.J.Chem.(russ.) 1961. 21 N249. Stärke 13. 353 (1961), C. 1962. 17956.

Naßmahlung. Goodwin, J.T. in S.A.Matz: The Chemistry and Technology of Cereals as Food and Feed, S.369-87. The Avi Publishing Company, Inc., Westport, Conn. 1959.

Die Trennung von Stärke und Gluten in zentrifugalen Schnellseparatoren. Bytschkow, B.K. Zucker-Ind.(russ.) 33. Nr.3. 57-62 (1959) - Ref. C. 1960. 3722. Stärke 14. 227 (1962).

Mahlprozeß. Larsen, R.A. in S.A. Matz: The Chemistry and Technology of Cereals as Food and Feed, S. 193-241. The Avi Publishing Company,Inc.,Westport,Conn. 1959.

Bessere Trennung - bessere Stärke. Food Engng. 29. 63-64 (1957).

Trennung von Stärke und Gluten in Zentrifugal-Separatoren. Krawtschenko, Ss.F. Arbeiten des Zentralen Forschungs-Institutes der Stärke-Sirup-Industrie(russ.) 1953. Nr.1. 7-13. - Ref. C. 1956. 5316.

Die Trennung von Stärke und Kleber. 6. Mitt. Wiedergewinnung und Reinigung der Stärke. Adams, G.A. Canad.J.Technol. 29. 217-31 (1951) - Ref. C. 1952. 3096.Stärke 3.286 (1951).

Reinigungsmöglichkeiten für eiweißhaltige Stärken auf enzymatischem Wege. Wegner, H. Stärke 3. 254-55 (1951) - Ref. C. 1952. 1096, C.A. 46. 284g (1952).

Chemische Verarbeitung von Körnerfruchtabfällen. Reiff, F. Chemie-Ing.-Techn. 23. 73-75 (1951).

Stärkezentrifugen. Taylor, R.L. Chemical Ind. 1948. 54-57. - Ref. Stärke 1. 76 (1949).

Die Stärkegewinnung im Sauerverfahren. Kühl, H. Chemiker-Ztg. 57. 633-34 (1933).

Über den Eiweißgehalt der Stärke und eine Methode der Herstellung eiweißfreier Stärkepräparate. Möser, L. Z.Hyg.u.Infektionskrankh. 83. 113-16. (1917) - Ref. C. 1917. I. 437.

203. Patente

(Hauptsächlich Trennung von Stärke und Kleber. Vgl. auch "Technologie der Kartoffelstärke, allgemein gehaltene Patente": 101, "Maisstärke, Patente": 243)

Eine Methode zur Gewinnung von Stärke. Katzui, Tz. Japan.P.12 973 ('61) ausg. 9/8. 1961. - Ref.J.Chemi(russ.) 1964. 7 R418.

Ein Apparat für die Feinvermahlung von für die Stärkegewinnung verwendeter Getreiden. Azuta, T. Japan.P. 14 346 (60') ausg. 29/9. 1960. - Ref.J.Chem.(russ.) 1962. 18 N287.

Herstellung von Getreidestärke. Kurt Horbach (Erfinder: Erling,H. P.). F.P. 1 239 532 vom 19/10. 1959., ausg. 7/12. 1960. D. Prior. 11/11. 1958; id.mit D.A.S. 1 076 050. - Ref. C. 1965. 51-2882.

Naßstärkeherstellungsverfahren. Corn Products Co. Oe.P. 224 036 vom 26/8. 1959., ausg. 25/10. 1962. A.Prior 26/8. 1958. Zusatz zu Oe.P. 205 435. - Ref. C. 1964. 11-2596.

Verfahren zur Herstellung von Getreidestärken. Bremer Rolandmühle Erling u. Co. D.B.P. 1 076 050 Kl.89k vom 11/11. 1958., ausg. 11/8. 1960.

Verfahren zur Abtrennung einer Stärke und Eiweißstoffe enthaltenden Suspension in einer Trennschleuder. Aktiebolaget Separator (Erfinder: Eckers, C.G.) Schwed.P. 171 714 Kl.89k vom 24/3. 1958. ausg. 14/6. 1960. - Ref.Ж.Chem.(russ.) 1961. 11 N390.

Herstellung von Getreidestärke. Horbach, K. D.A.S. 1 076 050 Kl.89k vom 11/11. 1958, veröff. 18/2. 1960. - Ref. C. 1960. 11848. Ref.J.Chem.(russ.) 1961. 20 N231. Stärke 13. 306 (1961).

Apparat und Verfahren zum Einweichen von stärkehaltigen Körnern zur Naßverarbeitung. Pedan, D.N. UdSSR.P. 119 850 vom 18/6. 1958, ausg. 21/5. 1959. - Ref. C.A. 54. 4010h (1960).

Vorrichtung zum Auswaschen von festen Stoffen geringer Korngröße aus dem Mahlgut der Naßvermahlung bzw. Naßzerkleinerung. Görner, A. D.P. (DDR) 19 413 vom 1/11. 1957., ausg. 25/7. 1960. (Wirtschaftspatent). - Ref. Stärke 13. 417 (1961).

Abscherklassierer. Stamicarbon, N.V. D.A.S. 1 082 201 Kl. 1a vom 13/3. 1957., ausg. 25/5. 1960. Holl.Prior. 15/3. 1956. Zus. zu D.B.P. 1 069 091. - Ref. Stärke 13. 416 (1961).

Abscherklassierer. Mij. voor Kolenbewerking Stamicarbon, N.V. (Erfinder: Fontein, F.J.) D.A.S. 1 035 585 vom 31/5. 1957., veröff. 7/8. 1958. Holl.Prior. 11/6. 1956.

Reine Stärke. Mij. voor Kolenbewerking Stamicarbon, N.V. (Erfinder: Vegter, H.J.) A.P. 2 778 752 vom 26/8. 1952, ausg. 22/1. 1957. Holl.Prior. vom 5/9. 1951. id. mit E.P. 733 438. - Ref. C.A. 51. 4745e (1957).

Naßstärkeherstellungsverfahren. Corn Products Refining Co. Ind. P. 62 176 vom 4/11. 1957., ausg. 10/1. 1959., id.mit D.A.S. 1 026 250. - Ref. C. 1962. 3294.

Naßstärkeherstellungsverfahren. Corn Products Refining Co. Oe.P. 205 435 vom 28/3. 1957., ausg. 25/9. 1959. A.Prior. 13/11. 1956. id.mit: D.A.S. 1 026 250. - Ref. C. 1960. 11848.

Naßstärkeherstellungsverfahren. Corn Products Refining Co. (Erfinder: Dowie, D.W. u. Martin, H.D.) D.A.S. 1 026 250 Kl.89k vom 20/3. 1957, veröff. 13/3. 1958. A.Prior. 13/11. 1956. id. mit: Ind.P. 62 176 u. D.A.S. 1026 250. - Ref. C. 1958. 13378, Stärke 10. 239 (1958).

Verfahren zur Herstellung von Naßstärke. Corn Products Refining Co. E.P. 811 686 ausg. 14/3. 1957.

Trockene Trennung von Stärke und Protein aus Mehl oder anderen Mühlenprodukten. Research Association of British Flour-Millers (Erfinder: Jones, C.R., Stevens, D.J. und Baker, G.J.). E.P. 862 811 vom 24/5. 1956. - Ref. C.A. 56. 9180b (1962).

Abscherklassierverfahren. Mij. voor Kolenbewerking Stamicarbon, N.V. (Erfinder: Fontein, F.J.) D.A.S. 1 035 584 vom 18/10. 1956, veröff. 7/8. 1958. Holl.Prior. 21/10. 1955.

Abscherklassierverfahren. Mij. voor Kolenbewerking Stamicarbon, N. V. (Erfinder: Koning, J.de.) D.A.S. 1 035 583 vom 16/8. 1956, veröff. 7/8. 1958. Holl. Prior. 18/8. 1955.

Abscherklassierverfahren. Mij. voor Kolenbewerking Stamicarbon, N. V. (Erfinder: Fontein, F.J.) D.A.S. 1 035 582 vom 13/6. 1956, veröff. 7/8. 1958. Holl.Prior. 17/6. 1955.

Abscherklassierer. Mij. voor Kolenbewerking Stamicarbon N.V. (Erfinder: Fontein, F.J.) D.A.S. 1 035 581 vom 19/3. 1956, veröff. 7/8. 1958. Holl.Prior. 25/3. 1955.

Abscherklassierer. Mij. voor Kolenbewerking Stamicarbon, N.V. D.A.S. 1 063 991 Kl.1a 13 vom 19/3. 1956, veröff. 27/8. 1959. Holl.Prior. 25/3. 1955, Zusatz zu D.A.S. 1 035 587. - Ref. Stärke 12. 156 (1960).

Verfahren zur Gewinnung von Getreidestärke. Bernheim, C.M. A.P. 2 883 309 vom 9/8. 1956, ausg. 21/4. 1959. - Ref. Stärke 12. 279 (1960), C. 1961. 7062.

Herstellung von Getreidestärken. Bernheim, C.M. Schwz.P. 348 381 vom 3/8. 1956, ausg. 30/9. 1960. - Ref. C. 1961. 5277.

Herstellung von Stärke aus Cerealien. Bernheim, C.M. Aust.P. 209 461 vom 7/5. 1956, ausg. 15/8. 1957. - Ref. C. 1960. 11500

Herstellung von Stärke aus Cerealien. Bernheim, C.M. F.P. 1 148 185 vom 25/4. 1956, ausg. 4/12. 1957. - Ref. C. 1958. 11678.

Herstellung von Stärke aus Cerealien. Bernheim, C.M. E.P. 785 522 vom 24/4. 1956.

Vorrichtung zum Abtrennen der freigelegten Keime von gequollenen und grob gemahlenen Getreidekörnern. Deutsche Maizena-Werke (Müller, F.) D.B.P. 945 440 Kl.89k vom 17/12. 1954, ausg. 5/7. 1956. - Ref. Stärke 8. 233 (1956).

Reine Stärke. Mij. voor Kolenbewerking Stamicarbon, N.V. E.P. 733 438 ausg. 13/7. 1955. - Ref. C.A. 50. 1344h (1956).

Verfahren und Vorrichtung zur Entfernung von Kleberresten aus Stärke. Deutsche Maizena Werke GmbH. (Boie, H. u. Müller, F.) D.B.P. 950 780 Kl.89k vom 20/2. 1955, ausg. 18/10. 1956. - Ref. Stärke 9. 13 (1957), C. 1957. 3971. C.A. 53. 10818d (1959).

Abscherklassierer. Mij. voor Kolenbewerking Stamicarbon, N.V. D.A.S. 1 063 992 Kl.1a 13 vom 20/12. 1954, veröff. 27/8. 1959. Holl.Prior. 7/9. 1954. Zusatz zu D.A.S. 1 035 587. - Ref. Stärke 12. 156 (1960).

Abscherklassierverfahren. Mij. voor Kolenbewerking Stamicarbon, N. V. (Erfinder: Fontein, F.J.) D.A.S. 1 035 587 vom 20/12. 1954, veröff. 7/8. 1958. Holl.Prior. 4/5. 1954.

Klassierverfahren. Mij. voor Kolenbewerking Stamicarbon, N.V. (Erfinder: Fontein, F.J.) D.A.S. 1 035 586 vom 20/12. 1954, veröff. 7/8. 1958. Holl.Prior. 5/5. 1954.

Verfahren zum Trennen von Stärke und unlöslichem Eiweiß. Mij. voor Kolenbewerking Stamicarbon, N.V. (Erfinder: Hage, P.W.) D.B.P. 939 140 Kl.89k vom 17/7. 1954, ausg. 16/2. 1956. Holl.Prior. 17/7. 1953. - Ref. Stärke 8. 65 (1956), C. 1956. 12988.

Trennen von Stärke und natürlichem Eiweiß. Mij. voor Kolenbewerking Stamicarbon, N.V. (Erfinder: Hage, P.W.) Oe.P. 187 069 vom 15/7. 1954, ausg. 10/10. 1956. Holl.Prior. 17/7. 1953. - Ref. C. 1957. 4262.

Verfahren zur Abtrennung unlöslicher Proteine aus Stärkesuspensionen. Stamicarbon, N.V. (Erfinder: Hage, P.W.) Schwed.P. 156 604 Kl.89k vom 14/7. 1954, ausg. 16/10. 1956. Holl.Prior. vom 17/7. 1953. - Ref. C. 1961. 17035.

Trennung von Stärke und Eiweiß. Mij. voor Kolenbewerking Stamicarbon N.V. (Erfinder: Vegter, H.J.) A.P. 2 689 810 vom 22/7. 1953, ausg. 21/9. 1954. id. mit: Holl.P. 72 446. - Ref. C.A. 48. 14264h (1954), C. 1956. 2609.

Trennmischungen von Stärke und unlöslichem Eiweiß. Stamicarbon, N. V. Holl.P. 77 618 vom 17/7. 1953, ausg. 15/3. 1955. - Ref. C.A. 49. 16484a (1955), Stärke 7. 314 (1955).

Verfahren zur Herstellung von Getreidestärken. Bernheim, C.M. D.B.P. 961 250 Kl.89k vom 1/12. 1953, ausg. 4/4. 1957. E.Prior. vom 26/1. 1953. - Ref. Stärke 9. 58 (1957), C.A. 54. 15973g (1960).

Verfahren zur Gewinnung reiner Stärke. Mij. voor Kolenbewerking Stamicarbon, N.V. (Erfinder: Vegter, H.J.) D.B.P. 929 120 vom 6/9. 1952, ausg. 20/6. 1955, Holl.Prior. 5/9. 1951. - Ref. Stärke 7. 189 (1955).

Verfahren zur Herstellung reiner Stärke. Mij. voor Kolenbewerking Stamicarbon, N.V. (Erfinder: Vegter, H.J.) Schwed.P. 146 787 Kl.89k vom 22/8. 1952, ausg. 31/8. 1954, Holl.Prior. vom 5/9. 1951.

Stärke aus Zerealien. Stamicarbon, N.V. Holl.P. 72 449 vom 5/9. 1951, ausg. 15/5. 1953. - Ref. C.A. 48. 1040a (1954).

Stärke aus Zerealien. Stamicarbon, N.V. Holl.P. 72 448 vom 5/9. 1951, ausg. 15/5. 1953. Kl.89k - Ref. Stärke 6. 54 (1954), C.A. 48. 1039i (1954).

Trennung von Stärke und Eiweiß. Stamicarbon, N.V. (Erfinder: Vegter, H.J.) Holl.P. 72 446 Kl.89k vom 22/8. 1951, ausg. 15/5. 1953. A.Prior. vom 29/8. 1950 id. mit A.P. 2 689 810. - Ref. Stärke 6. 54 (1954), C.A. 48. 1039g (1954)

Stärkeherstellungsprozeß. Corn Products Refining Co. (Erfinder: Newkirk, W.B., Williams, E.H., Rietz, C.A. und Dunwody, A.B. A.P. 2 573 048 vom 26/5. 1950, ausg. 30/10. 1951. - Ref. C.A. 46. 767c (1952), Stärke 4. 60 (1952), C. 1956. 6539.

Verfahren und Einrichtung zur Trennung von Rohstärkemilch in proteinarme Stärke, Kleber und Wasser. Steinacker, P. D.B.P. 825 080 Kl.89k vom 25/3. 1950, ausg. 17/12. 1951.

Verfahren und Vorrichtung zur Trennung von Rohstärkemilch in proteinarme Stärke, Kleber und Wasser. Westfalia Separator A.-G. (Erfinder: P. Steinacker und A. Boyng). D.B.P. 824 930 Kl.89k vom 12. 1. 1950. ausg. 13/12. 1951.

Trennen der Stärke von Gluten. General Mills, Inc.übertr. von: J.J. v. Edeskuty u. J.F. Zalar. A.P. 2 555 908 vom 28/4. 1949, ausg. 5/6. 1951. - Ref. C. 1952. 7751. Stärke 3. 307 (1951).

Gewinnung von Stärke aus Getreide. Aktiebolaget Separator (Erfinder: Eckers, C.G.) D.B.P. 807 919 Kl.89k vom 28/6. 1949, ausg. 9/7. 1951. Schwed.Prior. vom 26/6. 1948. - Ref. C. 1952. 1255.

Gewinnung von Stärke aus Getreide. Aktiebolaget Separator (Erfinder: Eckers, C.G.) A.P. 2 536 430 vom 23/6. 1949, ausg. 2/1. 1951. Schwed. Prior. vom 26/6. 1948. - Ref. C. 1952. 1255, Stärke 4. 12 (1952).

Trennen von Gluten aus Mehl. Pillsbury Mills, Inc. (Erfinder: Harrel, C.G., Haigh, J.T. und Brown, R.O.) A.P. 2 516 117 vom 22/8. 1947, ausg. 25/7. 1950. - Ref. C.A. 44. 10210h (1950), Stärke 3. 22 (1951), C. 1951. I. 1818.

Gewinnung von Stärke und Stärkeprodukten aus Gräsern. Bioquimica Española, S.A. F.P. 950 116 vom 25/7. 1947, ausg. 19/9. 1949. Span.Prior. 18/5. 1945. - Ref. C. 1949. E. 1642.

Verfahren und Vorrichtung zum Auswaschen von Kleber aus Stärke. Staley, A.E. Mfg. Co., übert. von: C.E. Smith A.P. 2 525 430 vom 29/11. 1946, ausg. 10/10. 1950. - Ref. Stärke 3. 228 (1951) C. 1952. 3914.

Trennung von Stärke und Gluten. Trenton Chemical Co. (Erfinder: Kilander, A.K.) A.P. 2 557 032 vom 5/3. 1946, ausg. 12/6. 1951. - Ref. Stärke 4. 60 (1952).

Stärke-Kleber-Trennung. General Mills, Inc. (Erfinder: Callaghan, F.W. A.P. 2 388 902 vom 27/9. 1944, ausg. 13/11. 1945.

Trennung der Stärke vom Gluten. General Mills Inc., übertr. von: R.W. Callaghan und G.W. Elverum Can.P. 484 707 vom 31/8. 1944, ausg. 8/7. 1952. - Ref. C. 1953. 6586.

Stärkebehandlung. Trenton Chemical Co. (Erfinder: Kilander, A.K. und Edsall, L.B.) A.P. 2 530 823 vom 8/4. 1944, ausg. 21/11. 1950. - Ref. Stärke 3. 69 (1951), C. 1953. 6586.

Verfahren und Vorrichtung zur Trennung von Stärke aus Gluten. Chemprotin Products, übert. von: L.B. Edsall, u. Kilander, A. Keith A.P. 2 453 310 vom 20/12. 1943, ausg. 9/11. 1948. - Ref. C. 1949. I. 939.

Stärkegewinnung aus Getreidekörnern. General Foods Corp. (Erfinder: Murer, K.H. und Mitchell, W.A.) A.P. 2 437 036 vom 22/12. 1943 ausg. 2/3. 1948. - Ref. Stärke 2. 306 (1950).

Trennung der Kleberstoffe von Stärke. International Patents Development Co. Belg.P. 422 254 vom 23/6. 1937, Auszug veröff. 21/12. 1937. - Ref. C. 1938. II. 1327.

Einrichtung für die Gewinnung von proteinreichem und stärkearmen Gluten neben Stärke aus Getreide durch Flotation. Deutsche Maizena- G.m.b.H. Holl.P. 47 607 Kl.89k vom 16/9. 1937, ausg. 15/8. 1939.

Verfahren für die Abtrennung von Stärke aus Gluten und stärkehaltigen Mischungen durch Zentrifugieren. A.E. Staley Mfg. Co. Holl.P. 46 928 Kl.89k vom 4/8. 1937, ausg. 16/10. 1939.

Verfahren für das Gewinnen von Stärke aus Getreide nach der nassen Methode. Corn Products Refining Co. Holl.P. 46 737 Kl.89k vom 23/7. 1937, ausg. 15/9. 1939. A.Prior. vom 17/10. 1936.

Abtrennung der Glutenstoffe von Stärke. Staley, A.E. Mfg. Co., übertr. von: R.E. Greenfield A.P. 2 138 274 vom 4/3. 1936, ausg. 9/12. 1938. - Ref. C. 1939, I. 2318.

Gewinnung von Stärke und Nebenprodukten aus Getreide. Union Starch and Refining Co., übert. von: P.R. King u. R.D. Baker A.P. 2 237 561 vom 29/11. 1936, ausg. 8/4. 1941. - Ref. C. 1942. I. 119.

Gewinnung von Getreidestärke. Merco Centrifugal Separator Co., Ltd. F.P. 792 082 vom 5/7. 1935, ausg. 21/12. 1935. - Ref. C. 1936. I. 4510.

Stärkegewinnung. Merco Centrifugal Separator Co., Ltd. übert. von: A.Peltzer A.P. 2 097 531 vom 29/6. 1934, ausg. 2/11. 1937. - Ref. C. 1938. I. 1894.

Herstellung eines stärke- oder glutenhaltigen Produktes. Procera Bread Process Ltd. F.P. 765 046 vom 5/12. 1933, ausg. 1/6. 1934. - Ref. C. 1934. II. 2006.

Verfahren für das Trennen von stärke- und glutenhaltigem Material. Bellingham, W.J. Holl.P. 37 287 Kl.53i vom 27/11. 1933, ausg. 15/1. 1936. N. Seeland.Prior. vom 8/12. 1932.

Zerlegung von Mehl in Stärke und kleberhaltige Stoffe. Bellingham, W.J., übertr. von: Williams, H.M. E.P. 415 235 vom 15/6. 1933, ausg. 13/9. 1934. Neu-Seeländ.Prior. 8/12. 1932. - Ref. C. 1935. I. 1794.

Zerlegung von Mehl in Stärke und kleberhaltige Stoffe. Bellingham, W.J. übertr. von: H.M. Williams A.P. 1 964 754 vom 7/6. 1933, ausg. 3/7. 1934. Neu-Seeländ.Prior. 8/12. 1932. - Ref. C. 1935. I. 1794.

Stärke aus Getreide. International Patents Development Co., übert. von: A.H. Kelling A.P. 2 100 744 vom 5/6. 1933, ausg. 30/11. 1937 - Ref. C. 1938. I. 1894.

Zerlegung von Mehl in Stärke und kleberhaltige Stoffe. Bellingham, W.J., übertr. von: Williams, H.M. Ind.P. 20 409 vom 27/11. 1932, ausg. 13/10. 1934. Neu-Seeländ.Prior. 8/12. 1932. - Ref. C. 1935. I. 1794.

Gewinnung von Stärke und Nebenprodukten aus Getreide. Staley, A.E. Mfg. Co., übertr. von: R.E. Greenfield u. H.R. Baker A.P. 2 023 999 vom 23/9. 1932, ausg. 10/12. 1935. - Ref. C. 1936. II. 387.

Gewinnung von Stärke aus Getreide. A.E. Staley Manufacturing Co., übert. von: R. E. Greenfield u. H.R. Baker A.P. 2 072 633 vom 23/9. 1932, ausg. 2/3. 1937. - Ref. C. 1937. II. 304.

Herstellung von Stärke aus Getreide. International Patents Development Co., übertr. von: F.L. Jefferies A.P. 2 050 330 vom 22/4. 1932, ausg. 11/8. 1936. - Ref. C. 1936. II. 4264.

Behandlung von Getreide und anderen Stärkemehl enthaltenden Stoffen. Kelsey, T. F.P. 718 306 vom 5/6. 1931, ausg. 3/1. 1932. E.Prior. 6/6. 1930. - Ref. C. 1932. I. 3124.

Vorrichtung zum Auswaschen von Stärke aus Mehl und dgl. "Miag" Mühlenbau und Industrie A.-G. D.R.P. 519 370 Kl.42l vom 18/9. 1929. ausg. 26/2. 1931.

Gewinnung von Stärke aus Getreide. International Patents Development Co., übertr. von: R.O. Mc Coy u. O.A. Sjostrom A.P. 1 828 334 vom 25/7. 1929, ausg. 20/10. 1931. - Ref. C. 1932. I. 150.

Gewinnung von Stärke aus Getreide. International Patents Development Co. übertr. von: R.O. Mc Coy A.P. 1 832 229 vom 11/4. 1927, ausg. 17/11. 1931. C. 1932. I. 597.

Gewinnung von Stärke aus Getreide. International Patents Development Co. übertr. von: G.M. Moffet A.P. 1 655 395 vom 3/3. 1927, ausg. 3/1. 1928. - Ref. C. 1928. I. 1591.

Behandlung von Getreide. Treuhand Gesellschaft m.b.H. Bartmann & Co. F.P. 623 836 vom 21/5. 1926, ausg. 1/7. 1927. D.Prior. 20/6., 22/6., 30/6., 3/7., 16/7., 17/12. 1925. 8/2., 26/2., 7/4., 8/4., 23/4., 4/5., 6/5. 1926. id. mit E.P. 271 068 u. A.P. 1 670 015. - Ref. C. 1927. II. 2523.

Gewinnung von Stärke aus Getreide. Penick & Ford Ltd., Inc. E.P. 277 400 vom 19/4. 1926, ausg. 13/10. 1927. - Ref. C. 1928. I. 980.

Gewinnung von Stärke und Eiweißstoffen. Boidin, A. E.P. 171 991 vom 9/11. 1921. - Ref. C. 1923, IV. 24.

Verfahren zur Trennung von Gluten oder ähnlichen Stoffen. Corn Products Refining Co., (Erfinder: Brindle, R.G. E.P. 159 838 vom 3/3. 1921, ausg. 31/3. 1921. - Ref. C. 1921. IV. 135.

Trennung des **Klebers** von der Stärke. Corn Products Refining Co. F.P. 581 253 vom 23/2. 1921, ausg. 10/1. 1922. - Ref. C. 1924. I. 2019.

Verfahren zum Waschen und Konzentrieren von Stärke. Corn Products Refining Comp. (Erfinder: Jefferies, F.L.) A.P. 1 007 784 vom 6/2. 1911, ausg. 7/11. 1911.

204. Trocknung und Nachbehandlung der Stärke

(Vgl. auch "Technologie der Kartoffelstärke, Trocknen": 16, "Nachbehandlung": 17, "SO_2 und andere Zusätze": 156)

Reinigung von Getreidestärken unter Anwendung von oberflächenaktiver Agentien. Fukuba, K., Kuge, N. und Inagaki, N. J.technol.Soc.Starch (Japan) 6. 27-29 (1958).

205. Kleber

(Auch Glutaminsäure)

Halbtechnische Betriebsergebnisse der Glutaminsäuregewinnung durch Ionenaustauscherverfahren. Hersiczky, A. und Simonyi, J.M. Stärke 18. 6-10 (1966).

Zur Frage der Technologie der Glutaminsäure aus pflanzlichen Eiweißstoffen. Shuschman, A.I. Arb.Allunions wiss.Forsch.-Inst. Stärkeprodukte(russ.) 7. 16-24 (1964) - Ref.J.Chem.(russ.) 1965. 14 R299. Stärke 18. 231 (1966).

Untersuchung von Ionenaustauscherharzen (Wofatite der DDR) für die Abtrennung von Glutaminsäure aus Hydrolysaten von Maisgluten. Shuschman, A.I. Arb.Allunions wiss.Forsch.-Inst.Stärkeprodukte (russ.) 7. 11-16 (1964) - Ref. Stärke 18. 128 (1966).

Zur Erhöhung der Qualität von Maiskleber als Rohstoff für die Herstellung von Glutaminsäure. Shuschman, A.I. Stärke 16. 1-5 (1964) - Ref. J.Chem.(russ.) 1964. 19 R 283. C. 1964. 47-2625.

Herstellung von Natriumglutamat und Glutaminsäure mittels Ionenaustauscherverfahrens. Magyar, E.K., Hersiczky, A. und Simonyi, J.M. Stärke 15. 12-17 (1963).

Immunologischer Vergleich von Getreideproteinen. Elton, G.A.H. und Ewart, J.A.D. J.Sci.Food Agric. 14. 750-58 (1963) - Ref. C. 1965. 12-3003.

Einfluß der Lipide auf die Abscheidung von Mehlprotein. Rohrlich, M. und Niederauer, T. Naturwissenschaften 50. 334 (1963) - Ref. C. 1964. 36-2533.

Die Entwässerung von Gluten mit verringertem Stärkegehalt. Bytschkow, B.K. Zucker-Ind.(russ.) 34. Nr. 2. 57-61 (1960) - Ref. J.Chem.(russ.) 1960. 71201. C.A. 54. 23388a (1960). C. 1961. 1039 Stärke 13. 96 (1961).

Die Abtrennung der Glutaminsäure mit Hilfe der Ioniten. Maruta, I. und Tanaka, M. Japan.P. 7461 ('60) ausg. 20/6. 1960. - Ref.J. Chem.(russ.) 1962. 4 N381.

Das Verhalten der Glutaminsäure beim Erhitzen in Lösungen. 1.Mitt. Litwak, I.M. und Barabanow, M.I. Arb.Kiewer technol.Inst.Lebensmittel-Ind. (russ.) 22. 3-6 (1960) - Ref. J.Chem.(russ.) 1961. 18 N 310.

Die Gewinnung von Glutaminsäure aus Mais- und Weizenkleber. Shuschman, A.I. Zucker-Ind.(russ.) 34. Nr.6. 60-62 (1960) - Ref. C.A. 52. 23388e (1960), Stärke 13. 191 (1961), C. 1961. 6709.

Die Trennung von Dicarbonsäuren mittels Papier-Elektrophorese. Shuschman, A.I. Arb.zentr.wiss.Forsch.-Inst.Stärke- u. Stärkesirup-Ind. (russ.) 4. 14-21 (1960) - Ref.J.Chem.(russ.) 1961. 19 N 198.

Über die technische Gewinnung von Glutaminsäure und deren Mononatriumsalz. Wetscher, A.S. Hochschulnachr. Nahrungsmittel-Technol. (russ.) 1959. 45-55.

Herstellung von L-Glutaminsäure. Ajinomoto Co., Inc. und Sanraku Distillers Co., Inc. Ind.P. 68 268 vom 3/7. 1959. - Ref. C. 1964. 16-2730.

Verfahren zur Gewinnung von Glutaminsäure durch Hydrolyse von Proteinen. J.R. Geigy A.-G. D.A.S. 1 082 269 Kl.12q vom 13/1. 1959., ausg. 25/5. 1960. Schwz.Prior. 14/1. 1958. - Ref.Stärke 13. 419 (1961).

Spezial Dispersion ergibt besseren Trockenkleber. Food Engng. 31. Nr.12 73-74 (1959).

Eine Bemerkung über die Doppelbrechung von gestrecktem Kleber. Bloksma, A.H. und Isings, J. Cereal Chem. 34. 137-39 (1957) - Ref. C. 1958. 3470.

Darstellung und chemische Eigenschaften der cohäsiven Proteine von Weizen, Gerste, Roggen und Hafer. Cunningham, D.K., Geddes, W.F. und Anderson, J.A. Cereal Chem. 32. 91-106 (1955) - Ref. C. 1958. 12263.

Getreideglutenprodukt. Manbre & Garton Ltd. (Erfinder: A.E. Berry) E.P. 725 622 vom 11/6. 1953, ausg. 9/3. 1955. - Ref. C. 1956. 1757.

Mononatriumglutamat. II. Schiller, K. Stärke 5. 216-20 (1953).

Verfahren zur Gewinnung von Glutaminsäure aus Eiweißstoffen pflanzlicher oder tierischer Herkunft. Mahler, A.-M. D.B.P. 944 129 Kl.12q vom 29/9. 1953, ausg. 7/6. 1956. E.Prior. vom 27/9. 1952. - Ref. Stärke 8. 256 (1956).

Verfahren zur Gewinnung von nativem pflanzlichem Eiweiß aus stärke- und eiweißhaltigem Material, insbesondere aus Getreidekörnern. Bahlsen, W. (Erfinder: K.Hess u. E. Hanssen) D.B.P. 960 331 Kl.53i vom 1/2. 1952, ausg. 21/3. 1957. - Ref. Stärke 9. 59 (1957), C. 1958. 1725.

Mononatriumglutamat. I. Schiller, Karl. Stärke 3. 120-25 (1951).

Behandlung von Kleber. Corn Products Refining Co. (Erfinder: Stewart, C.W. A.P. 2 557 397, vom 14/4. 1950, ausg. 19/6. 1951. - Ref. Stärke 3. 307 (1951).

Trockengluten (undenaturiert). Trenton Chemical Co. (Erfinder: Weber, H.M. A.P. 2 559 551 vom 20/6. 1946, ausg. 3/7. 1951. - Ref. Stärke 3. 323 (1951).

Behandlung von glutenhaltigem Stärkematerial. Glutengewinnung. Gateway Chemurgic Co. übertr. von: L.M. Christensen A.P. 2 583 684 vom 30/9. 1946, ausg. 29/1. 1952. - Ref. Stärke 4. 185 (1952), C. 1953. 6383, C.A. 3784b (1952).

Herstellung und Reinigung von Gluten. Chemprotin Products, übert. von: J.H. Okey, L.Kormendi u. B.C. Boeckeler A.P. 2 431 417 vom 12/5. 1944, ausg. 25/11. 1947. - Ref. C. 1947. E. 128.

Trockenkeime. Grandel, F. Z.Volksernähr. 15. 354-56. (1940) - Ref. C. 1941. I. 979.

Proteinreicher Kleber. Deutsche Maizena G.m.b.H. D.R.P. 676 500 Kl.89k vom 7/5. 1935, ausg. 5/6. 1939.

Verfahren zur Verwertung der Kleberrückstände der Stärkefabrikation. Basset, P.E. D.R.P. 533 310 Kl.89k vom 10/3. 1929, ausg. 11/9. 1931. F.Prior. 16/8. 1928. - Ref. C. 1931. II. 2797.

Behandlung des Klebers und der Treber von der Stärkefabrikation. Basset, Paul E. F.P. 676 671 vom 16/8. 1928, ausg. 26/2. 1930. - Ref. C. 1930. I. 2644.

Verfahren zur Wiedergewinnung des Endosperms von Getreide. Treuhand-Gesellschaft m.b.H. Bartmann & Co. (Erfinder: Bartmann,L.) A.P. 1 670 015 vom 20/1. 1926, ausg. 15/5. 1928. D.Prior. 17/11. 1924. id.mit E.P. 271 068 u. E.P. 623 836. - Ref. C. 1927. II. 1765, 2523.

21. Weizenstärke

210. Allgemeines
211. Das Weizenkorn und seine Bestandteile
212. Fragen der Stärkegewinnung
213. Patente
214. Weizenkleber
215. Nebenprodukte und Abwasserfragen
216. Betriebskontrollen und Eigenschaftsuntersuchungen

210. Allgemeines

Biochemischer Index des technischen Verhaltens von Winterweizen aus Kasachstan. Darkanbajew, T.B., Kaptjuschina, G.A. und Schischkina, I.S. Arb. Allunions wiss.Forsch.-Inst.Getreide und Verarbeitungsprod.(russ.) 50-51. 281-89 (1964) - Ref. C.A. 63. 15437e (1965).

Untersuchungen über die Beziehungen zwischen Kornertrag, Klebergehalt und Klebergüte bei Weizen. Springer, F. Bayer.landwirtsch.Jb. 41. Nr.2. 131-54 (1964) - Ref. C.1965. 12-3000.

Die mechanische Mastikation von Weizenmehl und Weizenstärke. Thewlis, B.H. Stärke 16. 279-85 (1964).

Das Verhalten einiger Enzyme in Weizen. 1.Mitt. Veränderung in der Aktivität von Enzymen in gelagertem Weizen unter verschiedenen Bedingungen. Yasunaga, T., Kawabata, A. und Uemura, M. Rep. Food Res.Inst. (Japan) Nr. 17. 32-37 (1963) - Ref. C.A. 59. 5689d (1963).

Entwicklung der α-Amylaseaktivität im Weizenkorn im Laufe seiner Reifung. Einfluß von Lichtbestrahlungen. Guilbot, A. und Drepon, R. Ann.Physiol.végét. 5. 5-18 (1963) - Ref. C. 1965. 28-1183.

Veränderungen in der Farbstoffbindung beim Abbau der Triglycerid-Fraktion im Weizenkeimling. Pomeranz, Y. und Shellenberger, J.A. Getreide u. Mehl 12. 49-51 (1962) - Ref. C. 1965. 10-2785.

Zur Frage der Verarbeitung von Weizen mit einem hohen Klebergehalt auf Stärke und Sirup. Richter, W.A. Arb.zentr.wiss.Forsch.-Inst.Stärke-Sirup-Ind.(russ.) 4. 5-7 (1960) - Ref.J.Chem.(russ.) 1961. 20 N221. Stärke 14. 227 (1962).

Über die Produktion von Weizenstärke in der Oraner Stärkefabrik. Brjuschko, W.A. Zucker-Ind.(russ.) 34. Nr.10. 57-58 (1960) - Ref.J.Chem.(russ.) 1961. 10 N317 Stärke 13. 150 (1961), C. 1962. 17957.

Ein weiterer Beitrag zur Frage der Verwendung von windgesichtetem Weizenmehl in der Stärkeindustrie. Honsch, W.M. Stärke 12. 113-115 (1960) - Ref. C.A. 54. 21806e (1960), C. 1961. 687. Ref.J.Chem.(russ.) 1961. 16 N352.

Über die Verarbeitung von Weizen zu Stärke in vorhandenen Kartoffelstärkefabriken. Rubinstein, J.Ja. und Galkina, G.W. Zucker-Ind.(russ.) 34. Nr.2. 54-57 (1960) - Ref.J.Chem.(russ.) 1960. 82648. C. 1960. 17643. Stärke 13. 93 (1961).

Neue Möglichkeiten zur industriellen Verwertung von Weizen und Weizenmehl. Senti, F.R. Müllerei 12. 426-427, 442 (1959).

Neue Möglichkeiten zur industriellen Verwertung von Weizen und Weizenmehl. Senti, F.R. Northwestern Miller,mill.Prod.Sect. 261. 1a. 4a, 6a-9a (1959).

Einfluß einiger Kupfersalze auf die Erzeugung und Qualität von Springweizen. Miron, G., Popescu, O., Luca, A., Pop, E. und Liteanu, C. Acad.rep.populare Romîne, Filiala Cluj, Studii Cercetari Agronom. 8. 299-305 (1957) - Ref. C.A. 53. 6508g (1959).

Weizenerzeugnisse für industrielle Verwendungszwecke. Kempf, W. Stärke 7. 123-27 (1955).

Weizenprodukte für industrielle Verwertung. Horan, F.E. Northwestern Miller 253. Nr.2. Milling Product Sect.2., 3a-7a (1955) - Ref. C. 1955. 9926.

Weizenstärkepuder. Weigel, W. Lebensmittel-Ind. Ausg.A., 4. 105 (1952).

Vier Jahre Exporthandel baut B.C. Weizenmühle. Clenden, E.F. Canad.Milling and Feed No. 8, 3d 32 (1951) - Ref. Stärke 4. 16 (1952).

Modernisierungsprobleme in der australischen Weizenstärkeindustrie. Hoensch, W. Stärke 3. 52-54 (1951) - Ref. C. 1951. II. 3385.

Weizenstärke und Weizenmehl. Compton, J.H. TAPPI Monograph Ser. No.3. 1947. 102.

Weizenmehl - ein möglicher Rohstoff für die erweiterte Herstellung von Stärke und Sirup. Hilbert, G.E., Dimler, R.J. und Rist, C. E. Amer.Miller Processor 72. Nr.4. 78-80 (1944).

Die Stärke von Weichweizenmehl. Guest, E.U. Northwestern Miller Amer.Baker 16. Nr.4. 13. 83. (1939) - Ref. C. 1939. I. 5064.

Sortenabhängige und umgebungsabhängige Verschiedenheiten der Durumweizenstärke. Mangels, C.E. Cereal Chem. 13. 221-33. (1936) - Ref. C. 1936. I. 5000.

Die Weizen- und Maisstärke des Handels. Saare, O. Z.Spiritusind. 24. 502, 512-513 (1901) - W.Ref. 1953.

211. Das Weizenkorn und seine Bestandteile

Veränderung des Klebers im keimenden Weizenkorn. Schorina, O.Ss. und Wakar, A.B. Hochschulnachr. (Krasnodar), Nahrungsmittel-Technol.(russ.) 1965. Nr.4. 19-23. - Ref. C. 1966. 17-3178.

Glutathion in Weizen und Weizenmehl. Kuninori, T. und Matsumoto, H. Cereal Chem. 41. 252-59 (1964) - Ref. C. 1965. 48-27781

Über die Eiweißzusammensetzung des Weizenkorns. Babadshanjan, K. A. Nachr.Akad.Wiss.Armen SSR, biol.Wiss. 16. 79-81 (1963) - Ref. C. 1965. 12-1337.

Chemische Untersuchung von Weizen. 7.Mitt. Weizenkornlipide in Abhängigkeit von der Düngemittelbehandlung. Garton, G.A., Mihailović, M.Lj. Antić, M. und Hadžijev, D. Glasnik chem. Društva Beograd 28. 303-25 (1963) - Ref. C. 1966. 15-3126.

Chemische Untersuchung des Weizens. 2.Mitt. Dynamik der verschiedenen Phosphorformen während der Ontogenese. 2.Mitt. Akkumulationsformen im reifen Weizenkorn. Phytinsäurephosphor. Michailović, M.Lj., Antić, M. und Hadžijev, D. Glasnik chem. Društva Beograd 27. 135-55 (1962) - Ref. C. 1966. 12-1411.

Untersuchung des Einflusses der Ultraschallwellen auf die technologischen Eigenschaften des Weizenkorns. Demidow, P.G. und Kotschetowa, A.A. Hochschulnachr.Nahrungsmittel-Technol.(russ.) 1962. Nr.2. 14-17. - Ref. C. 1963. 343.

Histochemische Untersuchungen am Weizenkorn. Shellenberger, J.A. und Pomeranz, Y. Arbeitsgemeinsch. Getreideforsch. E.V., Ber. Getreidechem.-Tag. 1961. 6-10. - Ref. C. 1965. 2-2958.

Der Jodqualitätstest zur Auswuchskennzeichnung von Weizen. Rohrlich, M. und Nernst, Ch. Mühle 98. 668-70 (1961) - Ref. C. 1964. 31-2787.

Über das Weizenprotein. Hess, K. und Hille, E. Z.Lebensmittel-Unters. u. -Forsch. 115. 211-22 (1961).

Neuere Arbeiten über die Konstitution der Weizenproteine und über die praktische Anwendung der Resultate neuer Fabrikationsmethoden von Mehlen mit hohem Proteingehalt. Hess, K. Ind.aliment. agric 78. 221-40 (1961).

Die physikalische Struktur von Weizenproteinen. Grosskreutz, J.G. Biochim.biophysica Acta (Amsterdam) 38. 400-09 (1960) - Ref. C. 1961. 4026.

Untersuchung einiger Kohlenhydratverbindungen in der Weizenpflanze und von Weizenstärke, die von gefleckten und ungefleckten Körnern extrahiert wurde. Wood, H.L. Austral.J.agric.Res. 11. 673-85 (1960) - Ref. C. 1963. 13618.

Mikroskopischer Aufbau und Zusammensetzung des Weizenkornes und mögliche Beziehungen zur Konditionierung. MacMasters, M.M., Bradbury, D. und Wolf, M.J. Getreide u. Mehl 10. 1-4 (1960).

Die Kohlenhydrate des Getreides. 10. Mitt. Eine quantitative Untersuchung der Kohlenhydrate des Weizenkeims. Dubois, M., Geddes, W.F. und Smith, F. Cereal Chem. 557-568 (1960) - Ref. C.A. 55. 8684b (1961).

Mikroskopischer Aufbau und Zusammensetzung des Weizenkornes und mögliche Beziehungen zur Konditionierung. MacMasters, M.M., Bradbury, D. und Wolf, M.J. Bull.anciens Élèves École franc. Meunerie Nr. 176. 87-92 (1960) - Ref. Stärke 13. 96 (1961).

Klebermenge und Klebergüte des Weizens in ihren Beziehungen zu Qualität und Ertrag unter dem Einfluß der Umwelt. Aufhammer, G. Bayerisches landwirtsch.Jb. 36. 651-78 (1959) - Ref. Stärke 13. 97 (1961).

Der Einfluß der Sorten, Jahreszeit und Düngung auf die Mineralien- und Proteinverteilung in Weizen, Mehl- und Mehlfraktionen. El-Gindy, M.M. Diss.Abstr. 20. 1941-44 (1959).

Was wissen wir über Weizenproteine? Abbott, D.C. Cereal Sci.today 4.264-65, 268-70 (1959) - Ref. C. 1960. 12043.

Polarographische Bestimmung von Spurenelementen in Weizenkörnern. 1.Mitt. Bestimmung von Mn und Zn. Hasiński, S. Chem.analit. (Warszawa) 4. 837-47 (1959) - Ref. C. 1965. 38-1963.

Der Proteingehalt im Weizenkorn in verschiedenen Reifungsphasen. Ssawtschenko, M.P. Ackerbau (russ.) 7. Nr.7. 89-90 (1959) - Ref. C. 1960. 12044.

Der Einfluß der Düngung auf den Ertrag und die Qualität des Sommerweizens. Ssirotschenko, I.A. Bull.Pflanzenphysiol.,Ukrain. Forsch.-Inst.Pflanzenphysiol. 1958. Nr.2. 34-36.

Die Aminosäurezusammensetzung der Proteine des Weizenkorns. Ssissakjan, N.M. und Markossjan, L.Ss. Biochemie (russ.) 24. 1094-1103 (1959) - Ref. C. 1960. 8889.

Die Kohlenhydrate der Gramineen. 9.Mitt. Die Konstitution eines Glucofructans des Weizenendosperms. Montgomery, R. und Smith, F. J.Amer.chem.Soc. 79. 446-50 (1957) - Ref. Stärke 9. 183 (1957).

Die angenäherte Analyse von Weizenmehlkohlenhydraten. 3. Mitt. Die Untersuchung der Hemicellulose-Fraktion. Fraser, J.R. und Holmes, D.C. J.Sci.Food Agric. 8. 715-21 (1957).

Der Einfluß der Düngung auf die Proteinverteilung in Weizen, Mehl und Mehlfraktionen. El-Gindy, M., Burrel, M.R.C. und Lamb, C.A. Getreide u. Mehl 7. 58-62 (1957) - Ref. Stärke 10. 64 (1958), C.A. 53. 20660e (1959).

Röntgenstrahlenuntersuchungen des Weizenproteinkomplexes. Traub,W., Hutchinson, J.B. und Daniels, D.G.H. Nature (London) 179. 769-70 (1957) - Ref. C. 1958. 1884.

Der Aminosäuregehalt von Weizenmehl. Hepburn, F.N., Lewis jr., E.W. und Elvehjem, C.A. Cereal Chem. 34. 312-22 (1957) - Ref. C. 1958. 10522.

Übersicht über die Proteine des Weizenmehls. Pence, J.W., Mecham, D.K. und Olcott, H.S. J.agric.Food Chem. 4. 712-16 (1956) - Ref. C. 1957. 10353.

Der Einfluß der Düngung auf den Aschegehalt von Weizen, Kleber, Stärke und der wasserlöslichen Fraktion. El-Gindy, M.M., Lamb, C.A. und **Burrell**, R.C. Getreide u. Mehl 6. 101-104 (1956) - Ref. C. 1957. 8046. C.A. 53. 20660c (1959).

Der Gehalt an Zucker und Stärke im Korn und im Mehl des kasachischen Weizens. **Darkanbajew**, T.B. und Kaptjuschina, G.A. Ber. Akad.Wiss.Kasach SSR, Ser Biol. 1955. Nr.10. 87-93. - Ref. C. 1956. 9053.

Gemischte Arabinose-Xylose-Oligosaccharide aus Weizenstrohxylan. Bishop, C.T. und Whitaker, D.R. Chem. and Ind. 1955. 119. - Ref. Stärke 7. 160 (1955).

Versuche zur chemischen Differenzierung der Eiweißstoffe des Weizens und Roggens. 1.Mitt. Untersuchungen der Eiweißstoffe mit Natriumhypochlorit. Rohrlich, M., Adler, G. und Kramm, O. Z. Lebensmittel-Unters. u. -Forsch. 102. 85-97 (1955) - Ref. C. 1958. 9929.

Über die Kohlenhydrate von Gramineen. III. Bemerkung zur Natur von Weizengummi. Gilles, K.A. und Smith, F. Cereal Chem. 31. 488-89 (1954).

Mikrobestimmung der Endospermdichte als Mittel zur Feststellung der Feuchtigkeit im Weizenkorn. Jones, C.R. und Campbell, J.D. Cereal Chem. 3. 177-89 (1953).

Einiges über die Proteine des Weizens. Seidel, K. Getreide und Mehl 3. 89-90 (1953).

Das Vorkommen von zwei ähnlichen homologen Reihen von Oligosacchariden in Weizenmehl und in Weizen. White, L.M. und Secor, G.E. Arch.Biochem.Biophysics 43. 60 (1953) - Ref. Stärke 6. 232 (1954).

Die B-Vitamine in Weizen: Die einzellige Aleuronschicht. Hinton, J.J.C., Peers, F.G. und Shaw, B. Nature (London) 172. 933-95 (1953) - Ref. C. 1955. 7472.

Untersuchungen von wasserunlöslichen Hemicellulosen der Endospermzellwände in bezug auf die Mahlfähigkeit von sieben spezifischen Nordwest-Weizensorten. Wolf, M.J., Seckinger, H.L., Rosenall, E.C., MacMasters, M.M. und Rist, C.E. Cereal Chem. 29. 399 (1952).

Die Chemie der Weizenkeime unter besonderer Berücksichtigung des Scutellums. Hinton, J.J.C. Biochem.J. 38. 214-17 (1944) - Ref. C. 1945. II. 1359.

Stärkegehalt von westkanadischem Weizen. Eva, W.J., Levi, E. und Anderson, J.A. Canad.J.Res.,Sect. C 21. 173-79 (1943) - Ref. C. 1945. II. 430.

Einwirkungen von Sorte und Umgebung auf den Stärkegehalt von Weizen und Gerste. McCalla, A.G. und Corns, W.G. Canad.J.Res., Sect.C 21. 307-21 (1943).

Die Sudetendeutschen Weizen im Lichte der Kleberweizenanerkennung. Freudl, E. Z.ges.Getreidewes. 30. 96-102 (1943) - Ref. C. 1943. II. 2321.

Zwei Jahre amtliche Kleberweizenuntersuchung in den Alpen- und Donau-Reichsgauen. Pawelka, K. Z.ges.Getreidewes. 30. 94-96 (1943) - Ref. C. 1943. II. 2321.

Die Kleberweizenuntersuchungen 1942/43 der Reichsanstalt für Getreideverarbeitung. Timm, E. und Trognitz, K. Z.ges.Getreidewes. 30. 102-05 (1943) - Ref. C. 1943. II. 2321.

Nahrungsmittel der Nation. 2. Getreide als Nahrungsmittel. Chemie von Weizen und Weizenprodukten. Booth, R.G., Carter, R.H., Jones, C.R. und Moran, T. Chem. and Ind. 60. 903-08 (1941).

Stärkegehalt gewisser Weizen der Ernte 1935. Hopkins, C. Canad. J.Res.,Sect.B 17. 253, 57. (1939) - Ref. C. 1940. I. 2251.

Untersuchung der chemischen Zusammensetzung von Weizenkornhüllen und der Bedingungen für deren Hydrolyse durch Mineralsäuren. Notkina, L.G. und Lifschitz, D.B. Ukrain.chem.J. ukrain: Ukrainski chemitschni Shurnal 11. 173-86. (1936) - Ref. C. 1936. II. 3374.

Stärkegehalt einiger kanadischer Weizensorten. Hopkins, C.Y. und Graham, R.P. Canad.J.Res. 12. 820-24. (1935) - Ref. C. 1935. II. 2751.

Die Phosphatide des Weizenmehles. Nottbohm, F.E. und Mayer, F. Z.Unters. Lebensmittel 67. 369-79. (1934) - Ref. C. 1934. I. 3671.

Die Hemicellulose. 1. Die Hemicellulose von Weizenmehl. Clayson, D.H.F. und Schryver, S.B. Biochem.J. 17. 493-496 (1923) - W. Ref. 605, C.A. 18. 402 (1924), C. 1923. III. 1622.

Die Kohlenhydrate von Weizen und Weizenprodukten und ihre Veränderungen während der Entwicklung des Kornes. Teller, G.L. 8th int.Congr.appl.Chem.,Washington and New York, Orig.Commun. 13. 273-78 (1912) - W.Ref. 2100, C.A. 6. 3294 (1912).

Über den Einfluß, den Beschattung während der Reife auf die haupthauptsächlichen Konstitutenten des Weizenkorns ausübt. Thatcher, R.W. und Watkins, H.R. J.Amer.chem.Soc. 29. 764-767 (1907) - Ref. C. 1907. III. 616.

Untersuchungen über die Eigenschaften der Weizenproteinkörper. Chamberlain, J.S. J.Amer.chem.Soc. 28. 1657-67 (1906).

Über bestimmte Ursachen der Veränderung des Glutengehalts von Weizen. Vignon, L. und Couturier, F. C.R.hebd.Séances Acad.Sci. 132. 791-94 (1901).

Die unlöslichen Kohlenhydrate des Weizens. Sherman, H.C. J.Amer. chem.Soc. 19. 291-310 (1897) - W.Ref. 1608, C. 1897. I. 1019-1021.

Über die Entwicklung des Weizenkorns. Balland. C.R.hebd.Séances Acad.Sci. 106. 1610-1612 (1888).

212. Fragen der Stärkegewinnung

(Vgl. auch "Technologie der Kartoffelstärke, Gewinnung": 14, "Reinigung": 15, "Trocknen": 16, "Nachbehandlung": 17, "Getreidestärken, Gemeinsames": 20)

Untersuchungen über die Weizenstärkegewinnung. 8.Mitt. Katsuya, N. und Shimakawa, T. J.technol.Soc.Starch (Japan) 10. 71-73 (1963) - Ref.J.Chem.(russ.) 1963. 22 R324, C.A. (B.) 60. 2252h (1964).

Untersuchungen über die Weizenstärkegewinnung. 7.Mitt. Katsuya, N. und Komori, I. J.technol.Soc.Starch (Japan) 10. 63-70 (1963) - Ref.J.Chem.(russ.) 1963. 22 R323, C.A. (B.) 60. 2252g (1964).

Über die Vorbereitung des Rohstoffs für die Weizenstärkegewinnung. Abragam, D.R. Arb.zentr.wiss.Forsch.-Inst.Stärke- u. Stärkesirup-Ind.(russ.) 6. 5-12 (1963) - Stärke 16. 138 (1964), Ref.J. Chem.(russ.) 1964. 3 R312.

Untersuchungen über die Weizenstärkegewinnung. 6.Mitt. Katsuya, N. und Kojima, K. J.technol.Soc.Starch (Japan) 10. 13-19 (1962) - Ref.J.Chem.(russ.) 1963. 16 R236, Stärke 16. 138 (1964), C.A. (B.) 60. 2252e (1964).

Untersuchungen über die Weizenstärkegewinnung. 5.Mitt. Katsuya, N. und Ishiwatari, Z. J.technol.Soc.Starch (Japan) 10. 8-13 (1962) - Ref.J.Chem.(russ.) 1963. 15 R254, Stärke 16. 138 (1964), C.A. (B.) 60. 2252d (1964).

Untersuchung der Gewinnung von Weizenstärke. 3.Mitt. Der Einfluß einer Gärung auf den Gewinnungsprozeß. Kawamura, Y. und Issiwatari, D. J.technol.Soc.Starch (Japan) 9. 134-42 (1962) - Ref. J.Chem.(russ.) 1963. 13 R279.

Kontinuierlicher Auswaschapparat für die Stärke-Klebertrennung bei der Weizenstärkegewinnung. Schmiedel, L. und Heder, E. Stärke 14. 324-31 (1962) - Ref.J.Chem.(russ.) 1963. 8 R261, C. 1963. 7970.

Kontinuierlicher Teigkneter. Louda, M. Průmysl Potravin 1. 28-29 (1962) - Ref. Stärke 14. 301 (1962).

Gluten und Stärke aus Weizenmehl. Ein verbessertes Verfahren. Anderson, R.A. und Griffin, E.L. jr. Stärke 14. 210-12 (1962) - Ref. J.Chem.(russ.) 1963. 4 R255, C.A. 57. 11439d (1962), C. 1963. 6818.

Untersuchungen über die Weizenstärkegewinnung. 4.Mitt. Verbesserung der Stärkegewinnung durch die pH-Kontrolle. Katsuya, N., Takahashi, R. und Kawamura, Y. J.technol.Soc.Starch (Japan) 9. 142-48 (1962) - Ref. J.Chem.(russ.) 1963. 14 R260, C.A. 60. 2252c (1964).

Untersuchungen über die Weizenstärkegewinnung. 3.Mitt. Einfluß der Gärung auf die Weizenstärkegewinnung. Katsuya, N., Kawamura, Y. und Ishiwatari, J. J.technol.Soc.Starch (Japan) 9. 134-42 (1962) - Ref. C.A. 60. 2252b (1964).

Untersuchungen über die Weizenstärkegewinnung. 2.Mitt. Korngrößenverteilung von Weizenstärke und deren Einfluß auf die Filtrierbarkeit. Katsuya, N., Takahashi, R. und Sekino, H. J.technol. Soc.Starch (Japan) 9. 86-91 (1962) - Ref.J.Chem.(russ.) 1963. 13 R278, C.A. 60. 2252b (1964).

Untersuchungen über die Weizenstärkegewinnung. 1.Mitt. Einflüsse der Qualität von Weizenmehl. Katsuya, N. und Shibuya, S. J. technol.Soc.Starch (Japan) 9. 79-86 (1962) - Ref.J.Chem.(russ.) 1963. 5 R287, C.A. 60. 2252b (1964).

Der Einfluß des Gewinnungsverfahrens auf die Eigenschaften von Weizenstärke. 2.Mitt. Die Erniedrigung der Eigenschaften durch eine hohe Wassertemperatur beim Gewinnungsprozeß. Kawazu, S. und Takaoka, K. J.Fermentat.Technol. (Japan) 39. 151-55 (1961) - Ref.J.Chem.(russ.) 1962. 3 N304. C.A. 58. 8124c (1963).

Einfluß von Schwefeldioxyd und Wasserstoffperoxyd auf Weizenstärkekörner unter Produktionsbedingungen. Nishimura, A. und Takaoka, K. J.Fermentat.Technol.(Japan) 38. 158-61 (1960) - Ref.J. Chem.(russ.) 1961. Nr.7 N344, C.A. 55. 9919c (1961), Stärke 13. 278 (1961).

Die Verarbeitung von Weizenmehl zu Stärke. Tschernjakow, N.F. Zucker-Ind.(russ.) 34. Nr.6. 62-63 (1960) - Ref.C. 1961. 6709, Stärke 13. 94 (1961).

Stärkegewinnung aus Weizenmehl. Przeglad Zbotowo-Mlynarski 4. 186-87 (1960).

Verbessertes Verfahren zur Herstellung von Stärke und Vitalkleber aus Weizenmehl. (Auszug) Anderson, R.A. Mühle 97. 396-97 (1960).

Die Produktion von Stärke aus Weizen. Weksler, B.A. und Abragam, D.R. Zucker-Ind. (russ.) 33. Nr.6. 49-53 (1959) - Ref. J.Chem. (russ.) 1960. 6795, C. 1960. 6687. Stärke 14. 68 (1962).

Die Gewinnung von Stärke, Leim und Gluten aus Weizen. Iwanjuk, M. I. und Purissman, Ju.I. Zucker-Ind. (russ.) 33. Nr.8. 62-66 (1959) - Ref.C. 1960. 4698, Ref.J.Chem.(russ.) 1960. 32632, Stärke 13. 93 (1961).

Verbessertes Verfahren zur Herstellung von Stärke und Vitalkleber aus Weizenmehl. Anderson, R.A., Vojnovich, C., Pfeifer, V.F. und Griffin, E.L. Amer.Miller Processor 87. Nr.12. 18-21 (1959) - Ref. Stärke 13. 315 (1961).

Herstellung von Stärke aus Weizenmehl durch eine Alkali-Extraktionsmethode. Crozier, J.R. Canad.Food Ind. 1959. Nr. 1. 26-28.

Stärke aus Weizen. Horan, F.E. Hercules Chemist 33. 8-12 (1958) - Ref. C.A. 57. 8785h (1962).

Gewinnung von α-Stärke aus Weizenstärke durch Dämpfen. Takahashi, R., Shimakawa, T., Katsuya, N. und Shibuya, S. J.technol.Soc. Starch (Japan) 5. 120-24 (1958) - Ref. C.A. 56. 14673i (1962).

Stärke- und Klebergewinnung aus windgesichtetem Weizenmehl. Honsch, W.M. Stärke 10. 324-25 (1958) - Ref. C. 1960. 674, C.A. 53. 8463i (1959).

Neue Erfahrungen mit dem Strahlsieb in der Weizenstärkeindustrie. Kempf, W. Stärke 10. 157-60 (1958) - Ref. C. 1959. 14900.

Kontinuierliches Schlagteigverfahren zur Trennung des Klebers vom Weizenmehl. Anderson, R.A., Pfeifer, V.F. und Lancaster, E.B. Cereal Chem. 35. 449-57 (1958) - Ref. C. 1959. 11429.

Eine neue Möglichkeit zur Abtrennung der Stärke von ihren Begleitstoffen bei der Weizenstärkegewinnung. Maurer, W. Stärke 8. 6-12 (1956) - Ref. C.A. 51. 1633e (1957).

Kontinuierliche Weizenstärkeherstellung. Hönsch, W. Stärke 7. 107-112 (1955).

Trennung von Stärke und Gluten. VII. Die Anwendung von bakteriellen Pentosanasen zur Gewinnung von Stärke aus Weizenmehl. Simpson, F.J. Canad.J.Technol. 33. 33-40 (1955) - Ref. C.A. 49. 7877d (1955), Stärke 7. 100 (1955), C. 1956. 279.

Die Verwendung der Trennschleuder bei der Gewinnung von Weizenstärke. Müller-Mangold, D. Stärke 6. 159-168 (1954) - Ref. C. 1955. 4474.

Trennung von Stärke und Gluten. 5.Mitt. Probleme der Fabrikation von Weizenstärke aus Mehlpentosanen. Clendenning, K.A. und Wright, D.E. Canad.J.Res.,Sect. F 28. 390-400 (1950) - Ref. Stärke 3. 268 (1951), C. 1952. 2094.

Gluten und Stärke aus Weizenmehl durch ein Schlagverfahren. Rist, C.E. Sugar J. 11. Nr.9. 26 (1949).

Trennung von Stärke und Kleber. IV. Anwendung eines Schnellverfahrens für Mehle verschiedener Qualität und Weizentypen. Shewfelt, A.L. und Adams, G.A. Canad.J.Res.,Sect. F. 24. 136-139 (1946).

Trennung von Stärke und Kleber. III. Ein Schnellverfahren für die Scheidung von Weizenmehl. Shewfelt, A.L. und Adams, G.A. Canad. J.Res.,Sect.F. 23. 373-82. (1945) - Ref. Stärke 2. 22 (1950).

Trennung von Stärke und Kleber. II. Wirkungen von Behandlungsfaktoren auf den Stärkegehalt von Weizenkleber. Grace, N.H., Clendenning, K.A. Canad.J.Res.,Sect. F. 23. 155-60. (1945) - Ref. Stärke 1. 157 (1949).

Trennung von Stärke und Kleber. I. Ausarbeitung von mechanischen Einrichtungen und Waschverfahren für die Scheidung von Weizenmehl. Adams, G.A., Ledingham, G.A. und Grace, N.H. Canad.J. Res.,Sect. F. 23. 143-54. (1945) - Ref. Stärke 1. 156 (1949).

Herstellung von Stärke aus Weizenmehl. Dimler, R.J. U.S.Dep. Agric.Bull. AIC-68 1944.

Herstellung von Weizenstärke. Eine neue Methode. Slotter, R.L. und Langford, C.T. Ind.Engng.Chem.,ind,Edit. 36. 404-08 (1944) - Ref. C. 1946. II. 4120.

Gelagerter und beschädigter Weizen für die Stärkeherstellung. Mac Masters, M.M. und Hilbert, G.E. Cereal Chem. 21. 258-66 (1944).

Die Verarbeitung von Weizenmehl zu Stärke und Kleber. Singer, W. Mühle 74. 34. (1937) - Ref. C. 1937. I. 2286.

Die Fabrikation von Weizenstärke. Krizkowsky, O.K.A. Z.Spiritusind. 46. 123, 129, 131, 139 (1923) - Ref. C. 1923. IV. 954.

Neue Verfahren der Weizenstärkeindustrie. Goldbeck, C. Chemiker-Ztg. 40. 829-30. (1916) - Ref. C. 1916. II. 1084.

Die Weizenstärkefabrication nach dem verbesserten Halleschen Verfahren. Adlung, M. Dtsch.Industrie-Ztg. 1876. 443-444. - W. Ref. 2205.

213. Patente

(Auch Kleber und Keimöl. Vgl. auch "Technologie der Kartoffelstärke, Gewinnung-Patente": 141, "Reinigung-Patente": 153, "Trocknen": 161)

Verfahren zur Gewinnung von Weizenstärke. Ludewig, H., Goedecke, G. und Stephani, R. D.P.(DDR) 34 813 Kl. 53k vom 10/12.1963., ausg. 28/12. 1964. Wirtschaftspatent. - Ref. Stärke 17. 361 (1965).

Ein Verfahren zur Gewinnung von Weizenstärke. Kuba, P., Tamchyna, J., Buriánek, J. und Procházka, S. Tschechosl.P. 109 281 vom 17/9. 1962., ausg. 15/12. 1963. - Ref.J.Chem.(russ.) 1965. 7 R281.

Trennung von Stärke und Protein bei Weizen- und Maismehl. Research Association of British Flour-Millers (Erfinder: McDermott, E.E. und Pace, J.). E.P. 873 580 ausg. 26/7. 1961. - Ref.J.Chem. (russ.) 1962. 8 N316.

Gewinnung von Stärke aus Weizen. Ssipjagin, A.Ss., Weksler, B.A., Abragam, D.R., Schtyrkowa, Je.A., Kagan, W.S., Tregubow, N.N., Lunkina, G.P. und Starosselskaja, M.Ja. UdSSR.P. 134 212 ausg. 10/12. 1960. - Ref. C.A. 55. 13888a (1961).

Reinigung von Rohstärken. Ogilvie Flour Mills Co., Ltd. (Erfinder: Gaver, K.M. und Barton, A.M. D.A.S. 1 080 040 Kl.89k vom 9/2. 1959, veröff. 14/4. 1960. - Ref. C. 1960. 15931, C.A. 55. 19290b (1961), Stärke 13. 307 (1961).

Gewinnung von Stärke und Keimöl nebeneinander aus Vollkornweizen. VEB (K) Weizenin Weizenstärkefabrik (Erfinder: H. Ludewig) D.A.S. 1 047 730 Kl.89k vom 19/7. 1957, veröff. 24/12. 1958. D.B.P. ausg. 2/7. 1959. - Ref. C. 1959. 11427, C.A. 55. 8441 (1961), Stärke 12. 188 (1960).

Gewinnung von Stärke und Keimöl nebeneinander aus Vollkornweizen. Ludewig, H. D.P. (DDR) 18 807 Kl.89k vom 18/7. 1957, ausg. 3/5. 1960) (Wirtschaftspatent) - Ref. C. 1961. 1765, C.A. 55. 21632i (1961), Stärke 13. 417 (1961), Ref.J.Chem.(russ.) 1961. 13 N466.

Abtrennung des Klebers aus Weizenstärke. General Mills, Inc. (Erfinder: Carlson, W.A. und Ziegenfuss, E.M.). A.P. 2 961 353 vom 28/9. 1956., ausg. 22/11. 1960. - Ref. C. 1962. 1059. C.A. 57. 1340a (1962).

Herstellung von Stärke aus Weizenmehl. Kawamura, Y., Katsuya, N. Takahashi, R. und Ishiwatari, J. Japan.P. 98 29 ('56) ausg. 16/11. 1956. - Ref. C.A. 52. 15942a (1958), Ref.J.Chem.(russ.) 1959. 88155, Stärke 14. 100 (1962).

Behandlung von Weizenstärke. General Mills, Inc. (Erfinder: Hamilton, R.M.). A.P. 3 087 839 vom 30/11. 1954., ausg. 30/4. 1963. - Ref. C. 1965. 2-2930. Ref.J.Chem.(russ.) 1965. 8 R321.

Gewinnung der Gesamtstärke, insbesondere Weizenstärke, aus Mehl. Ludewig, H., Nacke, M., Rau, A. und Anacker, Th. D.P. (DDR) 8 880 Kl.89k vom 22/10. 1953, ausg. 20/12. 1954 (Wirtschaftspatent). - Ref. Stärke 8. 15 (1956), C. 1956. 12988.

Gewinnung von Weizenstärke. National Research Council, übert. von: Simpson, F.J. A.P. 2 821 501 vom 8/12. 1953, ausg. 28/1. 1958. - Ref. C. 1959. 5978, C.A. 52. 9635e (1958).

Verfahren zur Gewinnung von Feinstkornstärke aus Weizen. VEB (K) Weizenin Weizenstärkefabrik (Erfinder: Ludewig, H., Rau, A., Nacke, M. und Anacker, Th.) D.B.P. 970 010 Kl.89k vom 9/9. 1953, ausg. 7/8. 1958. - Ref. C.A. 54. 9335a (1960).

Verfahren zum Trennen von Stärke und Gluten aus Weizenmehl. Pillsbury Mills, Inc. (Erfinder: Hanel, C.G., Haigh, J.T. und Brown, R.O.) D.B.P. 849 951 Kl.53i vom 21/7. 1950, ausg. 18/9. 1952, A.Prior. 22/8. 1947. - Ref. C. 1953. 6383.

Apparatur zur Trennung von Weizenstärke und Gluten. Walsh, J.F., Levitt, D.M. und Goodman, A.H. A.P. 2 517 149, ausg. 1/8. 1950.

Gewinnung von Weizenstärke aus Weizenmehl. Slotter, R.L. und Tuomy, J.M. A.P. 2 475 261 vom 8/7. 1947, ausg. 5/7. 1949. - Ref. C. 1949. E. 809.

Weizenprotein und Stärke. Doughnut Corp. of America, übert. von: Walsh, J.F., Levitt, D.M. u. Goodman, A.H. A.P. 2 572 225 vom 1/11. 1944, ausg. 23/10. 1951. - Ref. C.A. 46. 7249d (1952)

Stärkegewinnung. United States of America, übert. von: E.M. Burdick. A.P. 2 504 962 vom 8/12. 1944, ausg. 25/4. 1950. - Ref. C. 1951. II. 1675.

Herstellung von Weizenstärke. Dimler, R.J. A.P. 2 455 981 vom 21/8. 1944, ausg. 14/12. 1948. - Ref. C. 1949. II. 1031.

Gewinnung von Weizenstärke aus Mehl oder anderen Weizenmahlprodukten. General Mills, Inc. (Erfinder: Schilling, R.H.) A.P. 2 418 669, vom 4/8. 1943, ausg. 8/4. 1947. - Ref. C. 1948. I. 1364.

Gewinnung von Weizenstärke aus Mehl oder anderen Weizenmahlprodukten. General Mills, Inc. (Erfinder: Callaghan, R.W. und Schilling, R.H.) A.P. 2 418 621 vom 4/8. 1943, ausg. 8/4. 1947. - Ref. C. 1948. I. 1364.

Verfahren für die Herstellung von Weizenstärke. Wickard, C.R., as Secretary of Agriculture of the Unites States of America (Erfinder: Langford, C.T. und Slotter R.L.) A.P. 2 368 668 vom 10/12. 1942, ausg. 6/2. 1945.

Verfahren zur Herstellung von Stärke. Campbell, F.H. F.P. 529 951 vom 16/1. 1921, ausg. 10/12. 1921. - Ref. C. 1922. II. 583.

Verfahren zur Gewinnung von Stärke und Kleber aus Weizenmehl. Klopfer, V. D.R.P. 201 969 Kl.89k vom 1/4. 1905, ausg. 1/10. 1908.

Verfahren zur Gewinnung von Stärke und Kleber aus Weizenmehl. Klopfer, F.A.V. D.R.P. 200 774 Kl.89k vom 5/10. 1907, ausg. 30/7. 1908.

Verfahren zur Gewinnung von Stärke und Kleber aus Weizenmehl. Klopfer, F.A. D.R.P. 187 590 Kl.89k vom 11/4. 1906, ausg. 5/9. 1907. - Ref. C. 1907. IV. 1884.

214. Weizenkleber

(Vgl. auch "Getreidestärken, Kleber, auch Glutaminsäure": 205, "Weizenkorn und seine Bestandteile": 211, "Fragen der Stärkegewinnung": 212, "Patente": 213, "Brotteig und Kleber": 4143, "Analytische Bestimmung": 582)

Einfluß von Oxydantien und oberflächenaktiven Stoffen auf die Eigenschaften des Weizenklebers. Kosmina, N.P. und Plachow, W.I. Brotbäckerei- u. Konditorei-Ind.(russ.) 9. Nr.8. 7-9 (1965) - Ref. C. 1966. 21-3218.

Physikochemische Eigenschaften des Glutens von drei Weizensorten. Matsuo, R.R. und McCalla, A.G. Canad.J.Biochem. 42. 1487-98 (1964) - Ref. C. 1966. 21-1374.

Aminosäurezusammensetzung des Gliadins und Glutenins einiger Weizensorten. Canič, V., Simič, I., Turčič, M. und Dokič, N. Tehnika (Beograd) 20. 147-50 (1965) - Ref. C. 1966. 1-3030.

Prüfgeräte für Weizenkleber. Grimberg, M. Adhäsion 9. 206-14 (1965) - Ref. C. 1966. 1-2783.

Bestimmung von Weizenprotein. Hecht, H. Getreide u. Mehl, 14. 80-84 (1964).

Reinigung und Eigenschaften eines salzlöslichen Proteins aus Weizenmehl. Kelley, J.J. Arch.Biochem.Biophysics 106. 167-72 (1964) - Ref. C. 1966. 18-3062.

Methode zur Fraktionierung von Mehlproteinen durch Anwendung der Gelfiltration an Sephadex G-100. Wright, W.B., Brown, P.J. und Bell, A.V. J.Sci.Food Agric. 15. 56-62 (1964) - Ref. C. 1966. 4-3040.

Extraktion der Proteine von Getreide. 2.Mitt. Extraktion der wasserlöslichen Proteine von Weizenmehl. Mossé, J. und Baudet, J. Ann.Physiol.végét. 5. 151-66 (1963) - Ref. C. 1966. 4-3041.

Viskosität und Plastizität des Weizenklebers. Rohrsetzer, S. Ann. Univ.Sci.Budapestinensis Rolando Eötvös nominatae,Sect. Chim. 6. 131-37 (1964) - Ref. C. 1966. 6-3017.

Über die Ermittlung des Weizenqualitätsmerkmals Protein. Hecht, H. Bayer.landwirtsch.Jb. 41. 333-40 (1964) - Ref. C. 1965. 33-2965.

Farinograph-Untersuchungen zur Bewertung von Weizenkleberpräparaten. Hyldon, R. Cereal Sci.today 9. 4, 6 und 12 (1964) - Ref. C. 1965. 49-2851.

Neue Erkenntnisse über Weizenproteine. Pence, J.W. und Nimmò, C.C. Bakers Digest 38. 38-42 (1964) - Ref. C. 1965. 49-2848.

Proteinarme Fraktionen aus Mehl von rotem Hartkorn-Winterweizen. Stringfellow, A.C. und Pfeifer, V.F. Cereal Sci.today 9. 103-04, 106, 150 (1964) - Ref. C. 1966. 7-3264.

Einfluß der Verarbeitung auf den biologischen Wert von Weizenproteinen. Kohler, G.O. Cereal Sci. today 9. 173-78, 186 (1964) - Ref. C. 1966. 7-3260.

Sulfhydrylgruppen-Gehalt des Klebereiweißes von ungarischem Weizen. Lásztity, R., Nedelkovits, J. und Berg-Höffler, D. Elelmiszervizsgálati Közlemények (Lebensmittelanalyt.Mitt. 10. 141-46 (1964) - Ref. C. 1966. 7-3258.

Wasserlösliche Proteine von Weizenmehlen. Abbott, D.C. Dissert. Abstr. 25. 1527 (1964).

Zusammensetzung von Gluten-Protein in einzelnen Weizenkörnern. Lee, J.W. Nature (London) 201. 79-80 (1964) - Ref. Stärke 16. 344 (1964).

Gibt es neue Verwertungsmöglichkeiten für Weizenkleber? Kornis, E. Stärke 16. 124-25 (1964) - Ref.J.Chem.(russ.) 1965. 23 R372.

Kleber, gelatinierte Stärke und Sorbit. Huchette, M. Adjuvants, Centre format.techn.et perfect.Union fabric.biscuits,biscottes, aliments diétét.et divers.Paris, s.a., 5-21. Discuss., 21-26. - Ref.J.Chem.(russ.) 1964. 1 R326.

Eine Farinographtechnik zur Untersuchung von Kleber. Bushuk, W. Cereal Chem. 40. 430-35 (1963) - Ref. C. 1965. 5-2985.

Mehrfachsäulenchromatographie von Weizenkleber-Proteinen. Wrigley, C.W. J.Chromatogr. (Amsterdam) 11. 552-56 (1963) - Ref. C. 1966. 20-1951.

Experimentelle Studien für die analytische Erfassung der Weizenkorn- und Weizenmehlqualität unter Nutzbarmachung der nephelometrischen Klebermengenbestimmung. Biechy, Th. Getreide Mehl 13. Nr.5. 57-60 (1963) - Ref. C.A. 60. 4692g (1964).

Extraktion der Proteine von Getreide. 3.Mitt. Extraktion der Proteine des Weizenmehls mit Wasser und wäßrigen Salzlösungen. Baudet, J. und Mossé, J. Ann.Physiol.végét. 5. 303-19 (1963) - Ref. C. 1966. 4-3042.

Der Einfluß der Ausmahlung auf Qualität und Quantität von Kleber bei verschiedenen Waschmethoden. Kékedy, P. Elelmiszervizsgálati Közlemények (Lebensmittelanalyt.Mitt.) 9. 220-23 (1963) - Ref. C. 1965. 16-2978.

Veränderungen der Menge und Qualität von Kleber während der Alterung des Mehles einiger verbesserter, indischer Weizensorten. Austin, A. Food Sci. (Mysore, India) 12. 68-70 (1963) - Ref. C. 1965. 10-2788.

Untersuchung der bei der **fermentativen** Entfernung von Kohlenhydratverunreinigungen aus Weizen- und Maisgluten ablaufenden Vorgänge. Shuschman, A.I. Arb.zentr.wiss.Forsch.-Inst.Stärke-u. Stärkesirup-Ind.(russ.) 5. 38-47 (1963) - Ref.J.Chem. (russ.) 1963. 20 R236. Stärke 16. 172 (1964), C.A. 60. 3417f (1964).

Weizengluten und dessen Gluteninkomponente: Viscositäts-, Diffusions- und Sedimentationsuntersuchungen. Taylor, N.W. und Cluskey, J.E. Arch.Biochem.Biophysics 97. 399-405 (1962) - Ref. C. 1965. 22-1322.

Neuere Fortschritte bei Untersuchungen an Weizen-Proteinen. Pence, J.W. und Mecham, D.K. Wallerstein Lab.Commun. 25. 37-42 (1962) - Ref. C. 1964. 52-2853.

Über die Umrechnung vom Eiweiß- auf den Feuchtklebergehalt bei Weizen (N-Faktor 6,25). Schäfer, B. Mühle 99. 511-12 (1962) - Ref. C. 1964. 52-2854.

Aminosäurenzusammensetzung von schwedischem Weizenprotein. Sihlbom, E. Acta Agric.scand. 12. 148-56 (1962) - Ref. C. 1963. 22776.

Kleber von Hartweizen und Weichweizen. Margulis, H. und Bailly, J.-R. Ind.aliment.agric. 78. 15-19 (1961) - Ref. C. 1965. 22-2970.

Trocknen von wasserhaltigem Weizenkleber oder ähnlichen teigigen Materialien. Starch Products Ltd. (Erfinder: Parker, E.J.). Aust.P. 247 104 vom 11/7. 1961., ausg. 10/10. 1963. - Ref. C 1966. 15-3156.

Molekülgröße und -form einiger Hauptfraktionen des Weizenproteins. Grosskreutz, J.C. Biochim.biophysica Acta (Amsterdam) 51. 277-82 (1961) - Ref. C. 1965. 14-1062.

Untersuchungen über den kontinuierlichen "batter"-Prozeß zur Gewinnung von Kleber aus Weizenmehl mit einer Pilot-Anlage. Anderson, R.A., Pfeifer, V.F., Lancaster, E.B., Vojnovich, C. und Griffin, E.L. Cereal Chem. 37. 180-88 (1960) - Ref. C.A. 55. 97 (1961).

Das Trocknen von Kleber. Gie Francaise Blaw-Knox F.P. 1 233 000 ausg. 12/10. 1960. - Ref.J.Chem.(russ.) 1961. 14 N411.

Weizenprotein und Weizenlipoproteid. Hess, K. Qualitas Plantarum Mater.vegetabiles (Den Haag) 6. 312-26 (1960).

Optimale Hydrolysenbedingungen für Weizenkleber. Prey, V. und Maier, L. Stärke 12. 52-58 (1960) - Ref. C.A. 54. 13702e (1960).

Gewinnung industriell verwertbaren Klebers aus Weizenmehl. Anderson, R.A., Vojnovich, C., Pfeifer, V.F. und Griffin, E.L. Müllerei 13. 54-55 (1960).

Die Gewinnung von Kleber aus Weizenmehl. Sato, T., Nagata, T. und Mita, E. Japan.P. 7583 (59') ausg. 29/8. 1959. - Ref.J.Chem. (russ.) 1961. 23 N317.

Die Gewinnung von Kleber aus Weizenmehl. Sato, T. und Mita, E. Japan.P. 7584 (59') ausg. 29/8. 1959. - Ref.J.Chem.(russ.) 1961. 21 N252.

Kleber aus Weizenmehl. Sato, T., Nagata, T. und Mita, E. Japan. P. 7582 ('59) ausg. 29/8. 1959. - Ref.J.Chem.(russ.) 1961. 20 N232.

Elektrophorese und Fraktionierung von Weizengluten. Jones, R.W., Taylor, N.W. und Senti, F.R. Arch.Biochem.Biophysics 84. 363-76 (1959) - Ref. Stärke 13. 190 (1961).

Herstellung von Vitalkleber. General Mills, Inc. A.P. 2 946 780 vom 16/10. 1957., ausg. 26/7. 1960. - Ref. Stärke 14. 382 (1962) , Ref.J.Chem.(russ.) 1961. 14 N412.

Experimentelle Studien zwecks Auffindung neuartiger Methoden für die Kleberqualitäts- und Klebermengenbestimmung im Weizen. Biechy, Th. Getreide u. Mehl 7. 65-66 (1957) - Ref. C. 1958. 3190.

Herstellung von Trockenweizenkleber. Blaw-Knox Co. (Erfinder: Montgomery, D.B. und Moore, J.C.). A.P. 2 891 045 vom 19/2. 1957, ausg. 16/6. 1959.

Sprühtrocknung von Weizenkleber. Kempf, W. Stärke 8. 88-91 (1956) - Ref. C. 1957. 7806.

Aufbereitung von Kleber aus der Weizenstärkefabrikation. Ludewig, H., Ruhig, H. und Schneck, A. D.P. (DDR) 19 679 Kl.89k vom 17/11. 1956., ausg. 12/8. 1960. (Wirtschaftspatent) - Ref. C.A. 55. 17056c (1961), C. 1962. 6240, Stärke 13. 417 (1961), Ref. J.Chem.(russ.) 1961. 13 N467.

Protein, Kleber und Lipoid in Weizenkorn und -Mehl. Hess, K. Kolloid-Z. 136. 84-99 (1954) - Ref. C. 1950/54. 9985 S.

Huminbildung bei der Hydrolyse von Weizenkleber. Lusena, C.V. Canad.J.Res.,Sect.F. 28. 234-37 (1950) - Ref. C. 1950/54. 9985 S.

Der Einfluß von Chlordioxyd auf den Ernährungswert von Weizenkleber. Allison, J.B., White, J.J., Ajemian, E.P. u. Roth, J.S. Cereal Chem. 27. 495 (1950) - Ref. Stärke 3. 268 (1951).

Charakterisierung von Weizenkleber. Pence, J.W., Mecham, D.K., Edler, A.A., Lewis, J.C., Snell, N.S. und Olcott, H.S. Cereal Chem. 27. 335 (1950) - Ref. Stärke 3. 268 (1951).

18 Jahre Schrotgärmethode. Eine Schnellmethode zur Bestimmung der Kleberqualität bei Weizen. Pelshenke, P. Getreide, Mehl, Brot 2. 119-127 (1948) - Ref. C. 1948. E. 517.

Weizenkleber. Blish, M.J. Advances Protein Chem. 2. 337-59 (1945) - Ref. C. 1946. I. 1120.

Richtlinien für Kleberbewertung. Kalning, H. Mehl u. Brot 43. 183-85 (1943) - Ref. C. 1943. II. 873.

Die Herstellung von Nutregen. Food 8. 303-05. (1939) - Ref. C. 1939. II. 1189.

Gewinnung des Glutens aus Weizenmehl. Georgeson, P.S. Aust.P. 104 606 vom 9/12. 1936, ausg. 11/8. 1938. - Ref. C. 1939. I. 280.

Die Gewinnung des Klebers bei der Weizenstärkefabrikation. (Auszug). Rehwald, F. - W.Ref. 2223, C. 1886. 591.

215. Nebenprodukte und Abwasserfragen

Über die Methode zur Bestimmung des Trockensubstanzgehalts in Weizenextrakt. Abragam, D.R. Arb.zentr.wiss.Forsch.-Inst.Stärke-u. Stärkesirup-Ind.(russ.) 5. 47-60 (1963) - Ref.J.Chem.(russ.) 1963. 19 R281. Stärke 16. 370 (1964).

Eine Schnellmethode zur Extraktion der Lipoide aus Weizenprodukten. Tsen, C.C., Levi, I. und Hlynka, I. Cereal Chem. 39. 195-203 (1962) - Ref. C. 1963. 19038.

Die Gewinnung von Weizenkeimen. Sitte, G. Getreidemühle 4. 323-25 (1960) - Ref. Stärke 13. 314 (1961).

Ausnutzung der Extrakte von Weizen und Mais für die Gewinnung von Futterhefen. Plewako, M.W. Arb.zentr.wiss.Forsch.-Inst.Stärke-Sirup-Ind.(russ.) 4. 95-109 (1960) - Ref. Stärke 14. 387 (1962).

Weizenkeimöl. Tsuchiya, T. und Mamuro, H. Rep.Government chem. ind.Res.Inst., Tokyo 53. 238-41 (1958) - Ref. C. 1960. 17493.

Über die Verwendung von Nebenprodukten bei der Weizenstärkeherstellung. Davies, A.W. Stärke 10. 170-74 (1958) - Ref. C. 1959. 14900.

Weitere Untersuchungen über das Abwasserproblem bei der Weizenstärkegewinnung. Müller-Mangold, D. Stärke 5. 184-90 (1953) - Ref. C. 1954. 2289 , C.A. 48. 1719e (1954).

Beitrag zur Abwasserfrage in der Weizenstärkeindustrie. Müller-Mangold, D. Stärke 4. 173-80 (1952) - Ref. C. 1953. 4616.

Beobachtungen bei der Reinigung von Weizenstärkefabrik-Abwasser mit einer Versuchskörperanlage. Müller-Mangold, D. Vom Wasser 19. 231-54 (1952) - Ref. C. 1950/54. 8808. S.

Verfahren, um die bei der Stärkefabrikation gewonnenen Weizenschalen halt- und versendbar sowie nährstoffreicher und verdaulicher, mithin wertvoller zu machen. Dammann, W. D.R.P. 24 011 vom 31/1. 1883, ausg. 22/9. 1883.

Verfahren für die Behandlung von Weizenkeimen. Cerobrex Limited Holl.P. 40 491 Kl.53k vom 31/10. 1934, ausg. 16/4. 1937, Canad. Prior. vom 13/11. 1933.

Über das Stärkewasser der Weizenstärkefabrikation und seine Verwertung zur Darstellung von Milchsäure, Buttersäure und Buttersäureäther. Thenius, G. Chemiker-Ztg. 2. 504 (1878) - W.Ref. 2420.

Über die Bestandtheile und die Benutzung des in den Weizen-Stärke-Fabriken abfallenden Wassers. Vohl, H. Dingler's polytechn. J. 182. 325-329 (1866) - W.Ref. 2417.

216. Betriebskontrollen und Eigenschaftsuntersuchungen
(Vgl. auch "Stärkebestimmung in Getreide": 522)

Schnellbestimmung der Feuchtigkeit bei Weizen. Hecht, H. Getreide u. Mehl 14. 44-47 (1964) - Ref. C. 1965. 49-2932.

Untersuchung der Bilanz von Material und Ausbeute in der Industrie der Weizenstärke. Koncicky, F. Szeszipar 10. 91-92, 108 u. 109 (1962) - Ref.J.Chem.(russ.) 1963. 6 R285.

Ausbeuteberechnung für die Weizenstärkefabrikation durch Trockensubstanzbilanzierung. Maurer, W. Stärke 13. 128-32 (1961) - Ref. C. 1962. 4754. Ref.J.Chem.(russ.) 1961. 20 N222.

Spurenelemente in Weizenstärke. El-Gindy, M.M. Indian J.agric. Sci 29. Nr.4. 78-80 (1959) - Ref. C.A. 55. 20248e (1961), C. 1962. 8097.

Die Zusammensetzung und Qualität der Stärke und des Klebers von windgesichteten Weizenmehlen. Pelshenke, P.F. und Kempf, W. Stärke 11. 185-96 (1959) - Ref.J.Chem.(russ.) 1960. 32630. C. 1960. 7369.

Der Einfluß der Windsichtung von Weizenmehlen auf die Ausbeute und Qualität der Weizenstärke und des Weizenklebers. Seck, W. und Kempf, W. Stärke 10. 6-11 (1958) - Ref. C. 1959. 8343. C.A. 53. 20855d (1959).

Über die Bedeutung beschädigter Stärke bei der Beurteilung der Qualität von Weizen. Bird, L.H. Nature (London) 180. 815 (1957) - Ref. C.A. 54. 4045g (1957), C. 1959. 5984.

Über die Abhängigkeit der Weizenstärkequalität von der Weizensorte. Lindemann, E. Stärke 8. 162-63 (1956).

Die Qualität von Weizenstärke. Hönsch, W.M. Stärke 8. 4-6 (1956) - Ref. C.A. 51. 16321 (1957).

Bestimmung der Reinheit der Weizenstärke. Krtĭnsky, K. und Podrazký, Vl. Listy Cukrovarnické 71. 119-24 (1955) - Ref. C. 1957. 13199.

Untersuchungen über die Weizenstärkegewinnung 3.Mitt. Der Einfluß des Ausmahlungsgrades des Feinheitsgrades und der Auswaschbedingungen auf die Ausbeuten. Lindemann, E. Getreide u. Mehl 4. 62-64 (1954) - Ref. C. 1955. 5920.

Untersuchungen über die Weizenstärkegewinnung. 2.Mitt. Ausbeuteversuche an Mehlen aus verschiedenen Weizensorten und die Beurteilung ihrer Eignung für die Stärkefabrikation. Lindemann, E. Getreide u. Mehl 4. 52-55 (1954) - Ref. C. 1955. 3507.

Untersuchungen über die Weizenstärkegewinnung. 1.Mitt. Eine Methode zur Untersuchung von Weizenmehlen auf ihre Eignung für die Weizenstärkefabrikation. Lindemann, E. Getreide u. Mehl 4. 20-22 (1954) - Ref. C. 1954. 10120.

Der Einfluß der Weizensorte, des Ausmahlungsgrades, des Feinheitsgrades und der Auswaschbedingungen auf die Weizenstärkegewinnung. Lindemann, E. Stärke 6. 100-05 (1954) - Ref. C. 1955. 1158.

<u>Konzentration und spezifisches Gewicht von Weizenstärkepuder.</u> Hönsch, W. Stärke 5. 81-82 (1953) - Ref. C. 1956. 12702.

<u>Stärkerekordausbeuten aus sowjetischen Weizen.</u> Weigel, W. Lebensmittel-Ind. 4 A. 17 (1952).

<u>Messung des Wassergehaltes von Getreide, Schrot und Mehl.</u> Kühne, P.F. D.B.P. 939 900 vom 6/12. 1949., ausg. 8/3. 1956. Zus. zu D.B.P. 939 293. - Ref. C. 1962. 1833.

<u>Messung des Wassergehaltes von Getreide, Schrot und Mehl.</u> Kühne, P.F. D.B.P. 939 293 vom 25/8. 1949., ausg. 16/2. 1956. - Ref. C. 1962. 1833.

<u>Die Extraktion von Fett und Phosphor aus Weizenstärke.</u> Lehrman, L. J.Amer.chem.Soc. 67. 1541-42. (1945) - Ref. C. 1947. I. 65.

<u>Eine Untersuchung über den Trocknungsgrad von Weizenmehl, Stärke und Kleber.</u> Fisher, E.A. Cereal Chem. 4. 184-206. (1927) - Ref. C. 1927. II. 756.

<u>Beitrag zur Beurteilung des Weizens und seiner Mahlprodukte als Rohstoff für die Stärkeindustrie.</u> Goldbeck. Chemiker-Ztg. 39. 689. (1915) - Ref. C. 1915. II. 1027.

<u>Untersuchung von Weizen für Zwecke der Stärkefabrikation.</u> Saare, O. Z.Spiritusind. 24. 59 (1901) - W.Ref. 2286.

22. Roggenstärke

221. Fragen der Stärkegewinnung
222. Sonstiges

221. Fragen der Stärkegewinnung

(Vgl. auch "Technologie der Kartoffelstärke": 14, 15, 16, 17, "Getreidestärken, Gemeinsames": 20, "Weizenstärke": 21)

<u>Gewinnung der Stärke aus Roggen und anderen schleimhaltigen Stoffen.</u> Deutsche Kornbranntwein-Verwertungsstelle G.m.b.H. (Erfinder: O.Moritz Steinfeld D.B.P. 804 908 Kl.89k vom 3/11. 1949, ausg. 1/3. 1951. - Ref. C. 1951. II. 2125, C.A. 46. 1785i (1952).

<u>Herstellung von Stärke aus Roggenmehl.</u> Hoffmanns Stärkefabriken, Dän.P. 68 540 (Zusatzpatent zu: 68 145) vom 24/1. 1949. - Ref. Stärke 2. 92 (1950).

<u>Herstellung von Stärke aus Roggenmehl.</u> Hoffmann's Stärkefabriken Dän.P. 68 145 vom 29/11. 1948. - Ref. Stärke 2. 91 (1950).

<u>Die Verarbeitung von Roggen zur Gewinnung von Stärke.</u> Heyns, K. Getreide, Mehl Brot 1. 43-46. (1947) - Ref. C. 1948. I. 1364.

<u>Stärke und Kleber aus Roggen.</u> Hoffmann's Stärkefabriken A.G. Belg.P. 452 514 vom 30/9. 1943, Auszug veröff. 20/5. 1944. D. Prior. 9/6. 1941. - Ref. C. 1945. II. 83.

<u>Verfahren zur Behandlung von Roggen zur Gewinnung von Stärke und Kleber.</u> Hoffmann's Stärkefabriken A.G. (Erfinder: Haeghen, G. V. Belg.P. 451 605 vom 24/7. 1943. D.Prior. 25/7. 1942.

Behandlung von Roggen zwecks Gewinnung von Stärke und Gluten. Hoffmann's Stärkefabriken A.-G. N.P. 67 874 vom 19/7. 1943, ausg. 22/5. 1944. D.Prior. 9/6. u. 25/7. 1942. - Ref. C. 1945. II. 309.

Gewinnung von Roggenstärke. Hoffmann's Stärkefabriken A.-G. (Erfinder: H.Ritter) D.P. (DDR) 3 992 Kl.89k vom 16/7. 1943, ausg. 22/5. 1954. Zusatz zu D.R.P. 742 638; C. 1944. I. 710. - Ref. C. 1956. 10613.

Gewinnung von Roggenstärke. Hoffmann's Stärkefabriken A.-G. (Erfinder: H.Ritter) D.B.P. 926 240 Kl.89k vom 16/7. 1943, ausg. 7/4. 1955. Zusatz zu D.R.P. 742 638. - Ref. C. 1955. 8987, Stärke 7. 65 (1955).

Gewinnung von Roggenstärke. Hoffmann's Stärkefabriken A.-G. (Erfinder: J.Busch u. H.Ritter) D.B.P. 915 559 Kl.89k vom 26/7. 1942, ausg. 22/7. 1954. Anmeldung bekanntgemacht 24/12. 1953. - Ref. Stärke 6. 228 (1954) , C. 1955. 1630.

Herstellung von Roggenstärke. Deutsche Maizena Werke A.-G. F.P. 881 591 vom 28/4. 1942, ausg. 29/4. 1943,D.Prior 5/6. 1941. - Ref. C. 1944. I. 1247.

Gewinnung von Roggenstärke. Deutsche Maizena Werke A.-G. Belg.P. 445 258 vom 17/4. 1942, Auszug veröff. 28/2. 1943. D.Prior 5/6. 1941. - Ref. C. 1944. II. 800.

Gewinnung von Roggenstärke. Hoffmann's Stärkefabriken Akt.-Ges. (Erfinder: Busch, J. und Ritter, H.) D.P. (DDR) 5 169 Kl.89k vom 26/7. 1942, ausg. 11/2. 1954. (Ausschließungspatent) id. mit: D.B.P. 915 559. - Ref. C. 1960. 14209.

Herstellung von Roggenstärkemehl. Deutsche Maizena Werke A.-G. Holl.P. 55 266 vom 31/3. 1942, ausg. 15/9. 1943. D.Prior. 5/6. 1941. - Ref. C. 1944. I. 254.

Verfahren zur Gewinnung von Roggenstärke. Hoffmann's Stärkefabriken A.-G., (Erfinder: H. Ritter) D.P. (DDR) 3 991 kl.89k vom 8/10. 1941, ausg. 14/12. 1953 (Ausschließungspatent) - Ref. Stärke 6. 257 (1954), C. 1956. 12988.

Verarbeitung von Roggen auf Stärke und Kleber. Hoffmann's Stärkefabriken A.-G. (Erfinder: H. Ritter) D.B.P. 918 440 Kl.89k vom 8/10. 1941, ausg. 27/9. 1954. Zusatz zu D.R.P. 742 638; C. 1944. I. 710. - Ref. Stärke 6. 281 (1954) 7. 65 (1955), C. 1955. 8987.

Verarbeitung von Roggen auf Stärke und Kleber. Hoffmann's Stärkefabriken, A.G. (Erfinder: H. Ritter.) D.R.P. 742 638 Kl.89k vom 10/6. 1941, ausg. 8/12. 1943. - Ref. C. 1944. I. 710.

Verfahren zur Herstellung von Roggenstärke. Deutsche Maizena-Werke A.-G. (Erfinder: Heyns, K. und Graefe, G.) D.R.P. 739 530 Kl.89k vom 6/6. 1941, ausg. 28/9. 1943.

Herstellung von Stärke aus Roggenmehl. Klopfer, F. A. V. D.R.P. 639 609 Kl.89k vom 1/4. 1934, ausg. 9/12. 1936. - Ref. C. 1937. I. 1578.

Gewinnung reiner Stärke aus Körnerfrüchten, insbesondere aus Roggen. Rusch, M. und Siegert, M. D.R.P. 620 884 Kl.89k vom 3/8. 1933, ausg. 29/10. 1935. - Ref. C. 1936. I. 910.

Herstellung von Roggenstärke aus Roggenmehl. Kühl, Hugo und Soltau, G. D.R.P. 620 883 Kl.89k vom 5/4. 1933, ausg. 29/10. 1935. - Ref. C. 1936. I. 910.

Eine Methode zur Darstellung der Roggenstärke. Schulerud, A. Z. ges. Getreide- u. Mühlenwes. 19. 140-41. (1932) - Ref. C. 1932. II. 2750.

Herstellung von Stärke aus Roggenmehl. Klopfer, F.A.V. D.R.P. 529 109 Kl.89k vom 12/4. 1930, ausg. 25/6. 1931. - Ref. C. 1931. II. 1070.

222. Sonstiges

Besonderheiten des Roggenglutens je nach Sorte und Anbaugebiet. Golenkow, W.F., Toltschinskaja, Je, Ss. und Shilzowa, T.Je. Nachr.Landwirtsch.-Wiss.(russ.) 10. Nr.2. 14-17 (1965) - Ref. C. 1965. 36-2883.

Elektrophoretische Eigenschaften von Zwickelprotein und Kleber von Roggenmehl. Voneš, F., Podrazký, V., Šimová, J. und Veselý, Z. Cereal Chem. 41. 9-15 (1964) - Ref. C. 1966. 7-3265.

Veränderungen von Roggenstärke während der kombinierten Behandlung mit Wärme und Wasser. Stoljar, M.G. Spiritus-Ind.(russ.) 27. Nr.8. 16-19 (1961) - Ref. C.A. 56. 8982f (1962), Stärke 13. 420 (1961) , C. 1963. 1107.

Kleberartige Eiweißstoffe des Roggenkornes. Kosmina, N.P., Iljina, W.N. und Butman, L.A. Ber.Akad.Wiss.UdSSR (russ.) 110. 610-12 (1956) - Ref. C. 1958. 12263.

Roggenstärke und Roggenkleber. Kühl, H. Mehl u. Brot 37. Nr.8. 1-3 (1937) - Ref. C. 1937. I. 3729.

Zusammensetzung und Wert der Mehlabfälle von Roggen und Weizen. Lehmann, F. Landwirtsch.Jb. 82. 803-44. (1936) - Ref. C. 1936. II. 390.

23. Gerstenstärke

231. Fragen der Stärkegewinnung
232. Sonstiges

231. Fragen der Stärkegewinnung

(Vgl. auch "Technologie der Kartoffelstärke": 14, 15, 16, 17, "Getreidestärken, Gemeinsames": 20, "Weizenstärke": 21)

Quellvermögen verschiedener Gerstensorten. Gärtner, K. Brauwissenschaft, Beil.zu Brauwelt, Ausg. B. 15. 139-44 (1962).

Gewinnung von Gerstenstärke. Hoffmann's Stärkefabriken A.-G. Belg.P. 451 690 vom 29/7. 1943, Auszug veröff. 17/3. 1944. D.Prior. 19/9. 1942. - Ref. C. 1945. I. 109.

Verfahren zur Herstellung von Gerstenstärke. Hoffmann's Stärkefabriken A.G. (Erfinder: Ritter, H.) D.R.P. 740 844 Kl.89k vom 20/9. 1942, ausg. 29/10. 1943.

232. Sonstiges

Gerstenstärke. 2.Mitt. Einige Eigenschaften der Gerstenstärke. Goering, K.J. und Brelsford, D.L. Cereal Chem. 42. 15-24 (1965) - Ref.J.Chem.(russ.) 1965. 17 R284. C.A. 62. 12006e (1965).

Über die ernährungs- und chemischen Eigenschaften von Gerstenstärke. Kichara, I. und Arimoto, Ja. J.Food Sci.Technol. 11. 141-46 (1964) - Ref.J.Chem.(russ.) 1965. 15 R279.

Nachweis und Identifizierung von Gibberellin A_3 in unreifer Gerste. Jones, D., Macmillan, J. und Radley, M. Brauwelt Ausg. B. 103. Beilage zu Brauwissenschaft 16. 316-17 (1963).

Untersuchung der Proteine der Gerste. 1.Mitt. Freie Aminosäuren in der Gerste. Iwanow, Tsch. und Messrob, B. Annu.Inst.chim.-technol. (Sofia) 9. 223-30 (1962) - Ref. C. 1965. 45-1108.

Behandeln von Gerste. Unilever Ltd. Ind.P. 70 923 vom 1/3. 1960. E.Prior. 2/3. 1959. - Ref. C. 1964. 51-2921.

Zusammensetzung von Gerstenmehl und seine Verwendung zur Stärkeherstellung. Goering, K.J. und Imsande, J.D. J.agric.Food Chem. 8. 368-70 (1960) - Ref.J.Chem.(russ.) 1961. 8 N355. C. 1961. 13029. C.A. 55. 17937b (1961); Stärke 13. 313 (1961).

Sortenunterschiede bei Gersten- und Malzstärken. 2.Mitt. Ergebnisse und Diskussionen. Sullivan, J.W., Banasik, O.J. und Harris, R.H. Brewers Digest 34. Nr.2. 46-49 (1959) - Ref. C. 1960. 326.

Sortenunterschiede bei Gersten- und Malzstärken. 1.Mitt. Versuche; Stoffe und Methoden. Sullivan, J.W., Banasik, O.J. und Harris, R.H. Brewers Digest 34. Nr.1. 56-59 (1959) - Ref. C. 1960. 326.

Untersuchungen über die Gerstenglobuline. Quensel, O. Dissertation, Uppsala 1942.

Beziehungen zwischen Anteilen an Eiweißstoffen, Stärke und Spelzen und der Größe des Gerstenkornes. Zila, V.V. und Trkan, M. und Škvor, F. Věstník česke Akad. Zemědělské (Mitt.tschech. Akad.Landwirtsch.) 18. 33-37 (1942) - Ref. C. 1942. I. 3047.

Nicht-Stärke-Polysaccharide von Getreidekörnern. 1.Mitt. Fraktionierung des Gerstengummis. Preece, I.A. und Mackenzie, K.G. J. Inst.Brewing 58. 353-62 (1952) - Ref. C. 1956. 5116.

Eiweiß-, Stärke- und Spelzenanteil in Beziehung zur Korngröße der Gerste. Zila, V.V., Trkan, M. und Škvor, F. Wschr.Brauerei 59. 27-29. (1942) - Ref. C. 1942. I. 2467.

Die qualitative Abschätzung von Stärke und Eiweiß der Gerste verschiedener Abstammung. Iwanow, N.N. und Kirssanowa, W.A. Arb. zentr.biochem.Forsch.-Inst. Nahrungs- und Genußmittel-Ind. (russ.) 3. 35-52 (1935). - Ref. C. 1936. I. 211.

Die biochemische Charakteristik der Gerste der Sowjetunion. Iwanow, N.N. Lenin.Acad.agric.Sci.,Inst.Plant Ind., Bull.appl.Bot., Genetics Plant Breeding, Ser. III (russ.) Nr.7, 5-188 (1935) - Ref. C. 1936. I. 2462.

Der Einfluß der Ernte in verschiedenen Reifestadien auf den Ertrag und die chemische Zusammensetzung von Gerste. Mc Lean, D.M. Sci.Agric. 13. 698-713. (1933) - Ref. C. 1933. II. 2445.

Über das Verhältnis des Gehalts der groß- und kleinkörnigen Stärke zu dem Eiweißgehalt in der Gerste. Grüss, J. Wschr.Brauerei 49. 17-20 (1932) - Ref. C. 1932. I. 2650.

Über Eiweiß, Stärke und Extraktgehalt der Gersten heuriger Ernte und ihre Beziehungen zueinander. Wolfe, H. u. Wilde, C. Z. ges. Brauwes. 32. 130 (1909) - W.Ref. 2087.

Der Stärkegehalt der Gerste und seine Beziehung zum Proteingehalt und zur Größe der Körner. Wichmann, H. Bull.Assoc, Chimistes Sucr., Distill,Ind.agric.France Colonies. 26. 1098-1099 (1908-09) - W.Ref. 2077.

Der Stärkegehalt der Gerste und dessen Beziehungen zu dem Proteingehalt und der Korngröße. Wichmann, H. Brau- u. Malzind. 9. Nr.1, 56-58 (1908).

Die Beziehungen des Stärkegehaltes der Gerste zu deren Proteingehalt und Korngröße. Wenglein, O. Z.ges.Brauwes. 31. 257-261 (1908) - W.Ref. 2076, C. 1908. II. 263, C.A. 3. 939 (1909).

Über die Beziehungen zwischen dem durch Polarisation erhaltenen Stärkewert und dem Eiweiß- und Extraktgehalt der Gerste. Wenglein, O. Z.ges.Brauwes. 30. 157-60 (1907) - Ref. C. 1907. II. 1357.

Über die wasserlöslichen Kohlehydrate des Malzes und der Gerste. Duell, G. Chemiker-Ztg. 17. 67-68; 100 (1893) - W.Ref. 2042, C. 1893. I. 407.

Der Einfluß der Keimung auf die Bestandteile der Gerste. O'Sullivan, J. J.Soc.chem.Ind. 9. 535-36 (1890) - W.Ref. 2038.

Stärke- und Stickstoffbestimmungen böhmischer und mährischer Gersten aus den Jahren 1884, 1885 und 1886. Hanamann, J. Z.ges. Brauwes. 10. 203-04 (1887) - W.Ref. 2032.

Gersten-Analysen. Schwarz, M. Amer.Bierbrauer 16. 65-68, 99-101, 129-132 (1883) - W.Ref. 2023.

24. Maisstärke

240. Allgemeines
241. Das Maiskorn und seine Bestandteile
242. Fragen der Stärkegewinnung
243. Patente
244. Einweichen, Entkeimen und Naßmahlung
245. Trocknung und Nachbehandlung der Stärke
246. Maiskleber
247. Nebenprodukte und Abwasserfragen
248. Betriebskontrollen und Eigenschaftsuntersuchungen

240. Allgemeines

(Vgl. auch "Getreidestärken, Gemeinsames": 20)

Über das Lagern und das rationelle Verarbeiten von Mais. Kossjanskii, B.Ss. Zucker-Ind.(russ.) 40. Nr.8. 60-64 (1966).

Maisstärke. Beck, H. Rev.guim.Ind. 34. Nr. 395. 17-19 (1965) - Ref.J.Chem.(russ.) 1966. 3 R351.

Zur Frage der komplexen Ausnützung der Trockenstoffe des Maiskornes in Anlagen der Stärke-Sirupindustrie. Weksler, B.A., Shuschman, A.I., Siborow, D.K. und Tzukerman, I.S. Zucker-Ind.(russ.) 39. 212-17 (1965) - Ref.J.Chem.(russ.) 1966. 2 R361.

Frost-Resistenz von Mais. Prozenko, D.F., Mischustina, P.S. und Belezkaja, E.K. Arb.1.republ.wiss.Konf.Physiol.u.Biochem.Pflanzen, Sammlung (russ.) 1964. 354-58. - Ref. C.A. 63. 16800b (1965).

Fortschritte bei der Verarbeitung von Maisstärke. Food Processing Packaging 33. 51-55 (1964) - Ref. Stärke 17. 97 (1965), Ref.J. Chem.(russ.) 1965. 23 R370.

Chemische Charakterisierung einiger Maissorten und -hybriden der Südukraine. Romenski, N.W., Orlowa, W.I., Belostozkaja, A.N. und Maneraki, W.W. Hochschulnachr.,Nahrungsmittel-Technol. (russ.) 1964. Nr.4. 11-13. - Ref. Stärke 17. 99 (1965).

Einfluß der Mineraldüngungen auf den Ernteertrag von Mais. Ssiritza, A.I. und Baranowski, P.M. Agrochemie (russ.) 1964. Nr.9. 44-52. - Ref. C. 1965. 45-2324.

Einfluß der Düngung auf die chemische Zusammensetzung von Mais. Ssagutonowa, T.N. Agrochemie (UdSSR) (russ.) 1964. Nr.6. 36-43. - Ref. C. 1965. 34-2164.

Die Gewinnung von Maisstärke in Kartoffelstärke- und Sirupfabriken. Schtyrkowa, Je.A. Zucker-Ind.(russ.) 37. Nr.11. 56-61 (1963) - Ref. C. 1964. 43-2756. , Ref.J.Chem.(russ.) 1964. 9 R363.

Über den Wassergehalt bei der Herstellung von Mais-Feuchtstärke. Bytschkow, B.K. Zucker-Ind.(russ.) 37. Nr.12. 54-60 (1963) - Ref. C. 1964. 43-2757. Ref.J.Chem.(russ.) 1965. 12 R332.

Verwendung von Mais-Kohlenhydraten in der Industrie. Thomson, J. Food Ind. S.Africa 15. Nr.7. 32-34 (1962) - Ref.J.Chem.(russ.) 1963. 12 R301.

Über Maisstärkefabriken geringer Kapazität. Abragam, D.R. Zucker-Ind.(russ.) 35. Nr.10. 69-71 (1961) - Ref. Stärke 14. 226 (1962), Ref.J.Chem.(russ.) 1962. 11 N288. C. 1963. 1896.

Über Maisstärkefabriken geringer Kapazität. Tregubow, N.N. Zucker-Ind.(russ.) 35. Nr.4. 66-68 (1961) - Ref. Stärke 13. 353 (1961), Ref.J.Chem.(russ.) 1961. 19 N195. C. 1962. 17245.

Erfahrungen beim Aufbau und der Leitung eines Mais verarbeitenden Betriebes kleiner Kapazität. Tregubow, N.N. Zucker-Ind. russ.) 33. Nr.1. 49-53 (1959) - Ref. Stärke 14. 106 (1962).

Einige Fragen des technischen Fortschritts in der Maisstärkeproduktion. Tregubow, N.N. Zucker-Ind.(russ.) 33. Nr.10. 60-64 (1959) - Ref.J.Chem.(russ.) 1960. 40497, C. 1960. 11498.

Die erste mechanisierte Maisstärkefabrik in China. Balanter, I.I. Zucker-Ind.(russ.) 33. Nr.9. 57-58 (1959) - Ref. J.Chem.(russ.) 1960. 24181.

Über Wachsmais und Wachsstärke. Bytschkow, B.K. Informationsbull.zentr.Forsch.-Inst.Stärke-Sirup-Ind.(russ.) 2. 5-25 (1957).

Gewinnung von Stärke in Pakistan. Bhatti, M.B. und Wahhab, A. Pakistan J.Sci. 9. 209-18 (1957) - Ref. C.A. 52. 8601a (1958).

Die Maisverarbeitung in Rübenzuckerfabriken. Krassilschtschikow, B.E. Zucker-Ind.(russ.) 30. Nr.11. 37-40 (1956) - Ref. C. 1957. 8377.

Mais als Industrierohstoff. Olbrycht, T. Przemysł Spożywczy 9. 277-78 (1955) - Ref. C. 1958. 1448.

Luftverunreinigungen in Maisstärkefabriken. Toth, J. und Gal, Istvan. Yearbook Inst.agric.chem.Technol.,Univ.techn.Sci. Budapest 1952. III-1954. VIII. 219-24. - Ref. C.A. 49. 14238 (1955).

Die neue Maisstärkefabrik von A.E. Staley Manuf.Comp., Decature Ill.USA. Weiss, H. Stärke 3. 125-27 (1951).

Korrosionsbeständige Ausrüstung für die Maisstärke-Industrie. Flournoy, R.W. Corrosion 7. 129-133 (1951) - Ref. Stärke 3. 269 (1951).

Probleme der Maisverarbeitung. Kiermeier, F. Dtsch.Lebensmittel-Rdsch. 44. 6-8 (1948).

Maisstärkeindustrie. Meyer, H. Getreide, Mehl, Brot 1. 27-28 (1947) - Ref. C. 1948. I. 1364.

"Amioca", eine neue industrielle Stärke. Caldwell, C.G. Paper Trade J. 117. Nr. 16. 27-29 (1943). Amer.Brewer 77. Nr.3. 48 (1944).

Wachsartige Maisstärke als Ersatz für Tapioka. Schopmeyer, H.H., Felton, G.E. und Ford, C.L. Ind.Engng.Chem. 35. 1168-72 (1943) - Ref. C. 1946. II. 4120.

Der Mais in der Ernährung und in der industriellen Verwertung. Tarchi, A. Chim.Ind., Agric.Biol.,Realizzaz.corp. 18. 286-90 (1942) - Ref. C. 1943. II. 381.

Produkte aus Korn (Mais). Bartow, E., Walker, W.W. und Hoglan, F.A. Atti Congr.int.Chim. X.Congr. Roma 4. 561-65 (1938) - Ref. C. 1940. I. 2727.

Studien über Stärke zwecks Verbreitung des Gebrauchs von Mais als Nahrungsmittel. Woodruff, S. und MacMasters, M.M. 49th Annu. Rep.Illinois Agric.Exp.Stat. 1936. 288-290.

Über den heimischen Mais. Mautner, M. Arh.Hemiju Farmaciju Arch. Chim.Pharmac. 8. 133-36. (1934) - Ref. C. 1935. I. 167.

Die Maisstärke und ihre Verwendung. Reimann. Mühle 67. 244-45 (1930) - Ref. C. 1930. I. 2809.

Maisprodukte und Maisstärke und ihre Produkte. Chem.Engr. 15. 201-206 (1912) - W.Ref. 2316.

Maisprodukte und Maisstärke und ihre Produkte. Kaufmann, W.P. J.Soc.chem.Ind. 29. 527-531 (1910) - W.Ref. 2310, C. 1910. II. 250.

Über die amerikanische Industrie der Maiserzeugnisse. Parow, E. Z.Spiritusind. 32. 582 (1909).

Die amerikanische Maisproduktenindustrie. Wagner, T.B. J.Soc. chem.Ind. 28. 343-348 (1909) - W.Ref. 2309, C. 1909. I. 1909. C.A. 3. 1706 (1909).

Die Anwendung von russischem Mais für die Herstellung von Stärke, Glukose etc. (Auszug). Cramm, L.E.von Proc. 7th int.Congr. appl.Chem.London 1909. Sect. 6a. 18-20. - W.Ref. 2079.

Die Herstellung von Maisstärke und ihren Nebenprodukten in den Vereinigten Staaten. Génie Civil 55. 240-242 (1909) - W.Ref. 2304.

Herstellung von Stärke aus russischem Mais. (Auszug). Kramm, L. Bull.Assoc.Chimistes Sucr., Distill. France Colonies 16. 372 (1898-99) - W.Ref. 2052.

Die Fabrikation der Stärke, des Dextrins, der Glukose und des Traubenzuckers aus Mais in den Vereinigten Staaten von Nordamerika. Krieger, J. Z.Spiritusind. 17. 316-317, 323-324, 331-332, 350-351, 357-359 (1894) - W.Ref. 2263.

Die Herstellung von Maisstärke in Amerika. Archbold, G. J.Soc. chem.Ind. 6. 80-84 (1887) - W.Ref. 2226.

Die Maisstärke-Fabrikation als ein neuer landwirthschaftlicher Industriezweig. Wagner, L.von. Dingler's polytechn.J. 250. 173-182 (1883) - W.Ref. 2216.

Über die Verwendung des Mais zur Herstellung von Stärke, Zucker, Spiritus und Bier. Dingler's polytechn.J. 238. 488-93 (1880) - W.Ref. 2012.

241. Das Maiskorn und seine Bestandteile

Biochemische Charakteristik von frischem und konserviertem Zuckermais. March, A.T. und Jurtschenko, Ss.I. Konserven- u.Dörrgemüse-Ind.(russ.) 19. Nr.3. 13-15 (1964) - Ref. C. 1965. 36-2886.

Sorption von Kohlensäure durch Maiskörner. Trubitzyn, N.W. Hochschulnachr.(Krasnodar), Nahrungsmittel-Technol.(russ.) 1964. Nr.2. 16-17. - Ref. C. 1965. 32-2955.

Veränderungen des Maisfettes beim Mälzen. Lawrischtschewa, T.N. und Malzew, P.M. Hochschulnachr.(Krasnodar) Nahrungsmittel-Technol.(russ.) 1964. Nr.3. 104-06. - Ref. C. 1965. 15-2864.

Über das Quellen von Mais- und Reisstärkekörnern in wäßrigen Suspensionen beim Erwärmen. Putilowa, I.N. und Traubenberg, Ss.Je. Hochschulnachr.(Krasnodar), Nahrungsmittel-Technol.(russ.) 1964. Nr.5. 41-44. - Ref. C. 1965. 19-2898. Ref.J.Chem.(russ.) 1965. 8 R317, Stärke 17. 364 (1965).

Der Einfluß des Dämpfens auf die chemische Zusammensetzung des Maiskorns und der daraus hergestellten Grütze. Romenski, N.W., Orlowa, W.I., Belosstotzkaja, A.N. und Maneraki, W.W. Hochschulnachr.(Krasnodar), Nahrungsmittel-Technol.(russ.) 1964. Nr.5. 38-40. - Ref. C. 1965. 19-2926. C.A. 62. 7030h (1965).

Noch einmal über die Eigenschaften des Maiskorns. Tregubow, N.N. Zucker-Ind.(russ.) 38. Nr.5. 69-71 (1964) - Ref. C. 1965. 29-2945.

Ansammlung von Zein im Maiskorn. Pawlow, A.N. Pflanzenphysiologie (russ.) 10. Nr.2. 219-25 (1963) - Ref. C. 1966. 1-1380.

Ein Beitrag zur chemischen und mikroskopischen Beurteilung von Maiskeimen und Maiskeimrückständen. Bassler, R. und Deutschmann, F. Getreide u. Mehl 13. 92-96, 105-07 (1963) - Ref. C. 1965. 5-2965.

Verdampfungswärme für geschälten Mais. Rodriguez-Arias, J.H., Hall, C.W. und Bakker-Arkema, F.W. Cereal Chem. 40. 676-83 (1963) - Ref. C. 1965. 7/8-2923.

Bestimmungsmethode für "Restmengen" von Simazin im Maiskorn. Wawilina, G.P., Schillinger, Ju.I. und Michaltschuk, B.W. Fragen d.Ernähr.(russ.) 21. Nr.4. 60-63 (1962) - Ref. C. 1965. 29-2978.

Wirkung einer künstlichen Trocknung auf die hygroskopischen Eigenschaften von Mais. Tuite, J. und Foster, G.H. Cereal Chem. 40. 630-37 (1963) - Ref. C. 1965. 7/8-2922.

Chemische Zusammensetzung der Kornfraktionen von Maisproben mit unterschiedlichem Amylosegehalt. Zuber, M.S., Deatherage, W.L., Grogan, C.O. und MacMasters, M.M. Agronomy J. 52. 572-75 (1960) - Ref. C.A. 55. 2822f (1961), C. 1962. 2043.

Die Veränderungen des Nähr- und Mineralstoffgehaltes, insbesondere einiger Phosphorfraktionen, im Maiskorn von seiner Bildung bis zur fast völligen Reife. Steger, H. Arch.Tierernährung 10. 389-400 (1960).

Die Biochemie von Süß-Mais. Peruanskij, Ju.W. Mais(russ.) 1959. Nr.9 37-39. - Ref. C.A. 55. 7561i (1961).

Die chemische Zusammensetzung hybrider Maisformen der Südukraine. Owtschar, L.A. Hochschulnachr.,Nahrungsmittel-Technol.(russ.) 1959. Nr.3. 32-38. - Ref. Stärke 13. 190 (1961).

Einfluß der Trocknung von frisch geerntetem Kolbenmais auf die Eigenschaften des Kornes. Jakowenko, W.A. und Torshinskaja, L.P. Hochschulnachr., Nahrungsmittel-Technol.(russ.) 1959. Nr.1. 13-19. - Ref. C. 1963. 22137.

Über die Veränderungen in der Zusammensetzung verschiedener Maissorten im Verlauf ihrer Vegetation. Steger, H., Büschel, F. und Kasdorff, K. Arch.Tierernähr. 9. 440-53 (1959).

Biochemie von Hybrid-Mais. Dmitriewa, A.N. Bull.Ukrainischen wiss. Forsch.-Inst.(russ.) 1958. Nr.2. 51-53. - Ref. C.A. 53. 8321a (1959).

Über den Einfluß der Abstammung des Mais auf die Eigenschaften des Endosperm. Kramer, H.H., Pfahler, P.L. und Whistler, R.L. Agronomy J., 50. 207-10 (1958).

Isolierung zweier weiterer Polysaccharide aus Maiskolben. Whistler, R.L. und Lauterbach, G.E. Arch.Biochem.Biophysics 77. 62-67 (1958).

Einfluß von Mikroelementen auf den Maisertrag und die Stärke- und Carotinbildung. Ekster, Ja.E. und Skalewskaja, S.W. Arb.Odessaer landwirtsch.Inst.(russ.) 13. 111-16 (1958) - Ref. C.A. 53. 8320b (1959).

Physiologisch-biochemische Eigenschaften des Mechanismus der Maisregeneration. Golinskaja, E.L. Nachr.Univ.Kiew, Ser.Biol. 1958. Nr.1. 89-94. - Ref. C.A. 54. 13284g (1960).

Vergleichende Durchführung verschiedener Zusammensetzung von Samen der F_1 und F_2 Generation von Mais. Grogan, C.O. und Bear, R.P. Agronomy J. 50. 88-89 (1958).

Untersuchungen an Maisproteinen. 4.Mitt.Protein- und Aminosäuregehalt verschiedener Maissorten. Bressani, R. und Mertz, T.E. Cereal Chem. 35. 227-35 (1958) - Ref. Stärke 11. 142 (1959), C. 1959. 9623.

Untersuchungen an Maisproteinen. 3.Mitt. Die Gluteline des Maises. Lloyd, N.E. und Mertz, T.E. Cereal Chem. 35. 156-68 (1958) - Ref. Stärke 11. 142 (1959).

Untersuchungen an Maisproteinen. 2.Mitt. Elektrophoretische Analyse von Keim- und Endospermextrakten. Mertz, T.E., Lloyd, N.E. und Bressani, R. Cereal Chem. 35. 146-55 (1958) - Ref. Stärke 11. 141 (1959).

Untersuchungen an Maisproteinen. 1.Mitt. Eine neue Extraktionsmethode. Mertz, T.E. und Bressani, R. Cereal Chem. 34. 63-69 (1957) - Ref. Stärke 11. 141 (1959) , C. 1958. 289.

Nährwert von zentralamerikanischem Mais. 5.Mitt. Carotingehalt und Vitamin A-Aktivität von drei Gelbmaissorten aus Guatemala. Squibb, R.L., Bressani, R. und Scrimshaw, N.S. Food Res. 22. 303-07 (1957) - Ref. C. 1961. 15232.

Zusammensetzung des Proteins von ganzen Maiskörnern. Wolfe, Miriam und Fowden, L. Cereal Chem. 34. 286-95 (1957).

Die lösliche Polyglucose von Mais (Zea Mays). Peat, St., Whelan, W.J. und Turvey, J.R. J.chem.Soc. (London) 1956. 2317-22. - Ref. C. 1957. 1713.

Die Bedeutung von Embryo und Endosperm für den Nicotinsäureamidgehalt von Stärkemais- und Zuckermaisendosperm. Teas, H.J., Anderson, E.G. und Cameron, J.W. Plant Physiol. 30. 334-37 (1955) - Ref. C. 1957. 12508.

Die Beziehungen der Nicotinsäuregehalte im Maisendosperm brüchiger und ähnlicher Genotypen während verschiedener Entwicklungsstadien. Teas, H.J., Teas, A.N. und Cameron, J.W. Cereal Chem. 31. 250-56 (1954) - Ref. C. 1955. 9120.

B-Vitamine in Endospermen von Stärke- und Zuckermais. Teas, H.J. Plant Physiol. 29. 190-94 (1954) - Ref. C. 1956. 7571.

Die Beziehung zwischen Proteingehalt von Mais und der Konzentration an Aminosäuren und Nikotinsäure. Flynn, L.M., Zuber, M.S., Leweke, D.H., Grainger, R.B. und Hogan, A.G. Cereal.Chem. 31. 217-28 (1954) - Ref. Stärke 6. 231 (1954).

241

Über den Einfluß des Mangels an Stickstoff, Phosphor und Kalium auf die Enzymaktivität und den Gehalt an Glucose, Stärke und Citronensäure im Zellgewebe von Zea Mais. Tombesi, L., Ruggeri, G., Antoni, A. und Fortini, S. Ann.Staz.chim.-agrar.sperim. Roma 3. Nr.104.6 (1953/54).

Die Proteinverteilung im Maiskorn im Vergleich mit der des Weizens. Hinton, J.J.C. Cereal Chem. 30. 441-45 (1953) - Ref. C. 1956. 14210.

Prozentsatz an Kohlenhydraten in Maiskörnern der Sorte Station-Reid-Yellow-Dent bei verschiedenen Entwicklungsstadien. Earley, E.B. Plant Physiol. 27. 184-190 (1952) - Ref. C. 1953. 875.

Freie Aminosäuren in dem sich entwickelnden Maisendosperm. Duvick, D.N. Amer.J.Bot. 39. 656-61 (1952).

Chemische Zusammensetzung von italienischen Maissorten. Bosticco, A. Atti Soc.ital.Sci.vet. 6. 180-84 (1952) - Ref. C.A. 48. 9488h (1954).

Die chemische Zusammensetzung des reifen Maiskorns. Cannon, J.A. MacMasters, M.M., Wolf, M.J. u. Rist, C.E. Trans.Amer.Assoc. Cereal Chemists 10. 74-97 (1952) - Ref. C. 1956. 2786.

Fettsäurezusammensetzung der Lipoide von Mais und Sorghumhirse. Baldwin, A.R. und Sniegowski, M.S. J.Amer.Oil Chemists' Soc. 28. 24-27 (1951) - Ref. C. 1951. II. 838.

Mengenverhältnisse der Proteine und Aminosäuren in Mais. Frey, K.J. Cereal Chem. 28. 123-32 (1951) - Ref. C. 1956. 14210.

Wasserlösliche Polysaccharide von süßem Mais. Dvonch, W. und Whistler, R.L. J.biol.Chemistry 181. 889-95 (1949) - Ref. C. 1949. E 3867.

Die Beziehung zwischen Nicotinsäure und Kohlenhydraten in einer Serie von Mais-Endosperm-Genotypen. Cameron, J.W. und Teas, H.J. Proc.nat.Acad.Sci.USA 34. 390-98 (1948) - Ref. C. 1948. E. 1097.

Beitrag zur Kenntnis der biochemischen Konstitution des Maiskornes. Ann.Ecole nat. Agric. Montpellier 27. 207-13 (1947) - Ref. C. 1947. E.63.

Analyse von auf Farmen erzeugten doppelt gekreuzten Maishybriden. Curtis, J.J. und Earle, F.R. Cereal Chem. 23. 88-96 (1946).

Zusammensetzung der Bestandteile des Maiskorns. Earle, F.R., Curtis, J.J. und Hubbard, J.E. Cereal Chem. 23. 504-511 (1946).

Ein neuer wachsartiger Bestandteil im Mais und sein Einfluß auf die Eigenschaften der Endospermstärke. Brimhall, B., Sprague, G.F. und Sass, J.E. J.Amer.Soc.Agronomy 37. 937-44 (1945).

Die wasserlöslichen Polysaccharide von süßem Mais. Sumner, J.B. und Somers, G.F. Arch.Biochem. 4. 7-9 (1944) - Ref. C.A. 38. 5256 (1944).

Veränderungen der biochemischen Zusammensetzung des Maiskornes während der Entwicklung. Evans, J.W. Cereal Chem. 18. 468-73 (1941).

Beiträge zur chemischen Untersuchung der rumänischen Maisernte des Jahres 1939. Ionescu, M.V., Popescu, O.Gr., Slusanschi, H. u. Gaal, L. An.Inst.dercetări agronom.României (Ann.Inst.Rech. agronom.Roum) 12. 383-425 (1941) - Ref. C. 1942. I. 3267.

Die chemische Zusammensetzung von rumänischem Mais. Ionescu, Mircea V. An.Fac.Agronom.Cluj. 7. 3-15 (1939) - Ref. C. 1939. II. 547.

Glykogen in süßem Mais. Morris, D. L. und Morris, C.T. Science (New York) 90. 238-39. (1939) - Ref. C. 1939. II. 3439.

Beiträge zur chemischen Untersuchung der rumänischen Maisernte des Jahres 1938. Ionescu, M.V., Popescu, O., Slusanschi, H. u. Gaal, L. An.Inst.Cercătari agronom. României (Ann.Inst.Rech.agronom. Roum.) 11. 266-312 (1939) - Ref. C. 1941. I. 2191.

Der Stärkegehalt der Schließzellen von Zea-Albinos. Reuter, L. Protoplasma 31. 147-50. (1938) - Ref. C. 1940 I. 730.

Mikrochemische und morphologische Studie über die Entwicklung vom Endosperm bei Mais. Lampe, L.A. Bot.Gaz. 91. 337-77 (1931).

Die chemische Zusammensetzung von Maissamenpflanzen. II. Die Isolierung eines Dextrins ähnlich dem durch thermische Depolimerisation von Kartoffelstärke erhaltenen Trihexosan. Link, K.P. J.Amer.chem.Soc. 51. 2516-22 (1929) - Ref. C. 1929. II. 2785.

Dynamik des wächsernen Stoffs im Mais. I. Die Kohlehydratreserven im Endosperm und in den Pollen. Brink, R.A. und Abegg, F.A. Genetics 11. 163-199 (1926).

Genetik und Morphologie einiger Endospermformen im Mais. Mangelsdorf, P.C. Connecticut agric.exp.Stat.Bull. 279. 513-614 (1926).

Chemische Studien an Maispollen. 2. Kohlehydrate und organische Basen. Miyake, S. J.Biochemistry (Tokyo) 3. 169-176 (1924) - W. Ref. 1920.

Erythrodextrin im Mais. Kempton, J.H. Science (New York) 57. 556-557 (1923) - W.Ref. 1916.

Ein seltenes Kohlenhydrat in Wachsmais. Weatherwax, P. Genetics 7. 568-72 (1922) - W.Ref. 2155.

Über bestimmte Plastiden insbesondere im Hinblick auf die Proteinkörper von Mais, Rizinus und Conopholis. Mottier, D.M. Ann.Botany 35. 349-364 (1921).

Das Vorkommen von Pentosan und hydrolysiertem Pentosan in Mais und Maisprodukten. Porst, Ch.E.G. 8. Int.Congr.appl.Chem.,Washington and New York. Orig.Commun. 13. 205-212 (1912) - W.Ref. 118, C.A. 6. 3033 (1912).

Eine Bemerkung über die Erbanlagen in süßem Mais. East, E.M. Science (New York) 29. 465-67 (1909).

Die chemische Zusammensetzung der verschiedenen Teile des Maiskorns. Hopkins, C.G., Smith, L.H. und East, E.M. J.Amer.chem.Soc. 25. 1166-1179 (1903).

Bastarde zwischen Maisrassen, unter besonderer Berücksichtigung der Xenien. Correns, C. Bibliotheca botanica 1901. H.53. 1-161.

Die Zusammensetzung des Mais (Indian corn) seiner Körner, Mahlprodukte, Halme, Mark, Kolben und Futterabfälle. Wiley, H.W. 3.Int. Congr.angew.Chem.,Wien, Ber. 2. 320-350 (1898) - W.Ref. 2281.

Beiträge zur Kenntnis der Zusammensetzung des Maiskornes. Portele, K. Landwirtsch. Versuchsstat. 32. 241-62 (1886) - W.Ref. 2031.

242. Fragen der Stärkegewinnung

Maistrocknung und Naßmüllerei. 1.Mitt. Untersuchung der Verarbeitungsfähigkeit von künstlich getrocknetem Mais. Wahl, G. Stärke 18. 11-19 (1966).

Der Maisbruch in der Herstellung von Stärke. Cinquetti, M. und Dirnberger, H. Dtsch.-Müller-Ztg. 63. Nr.6 132-33 (1965) - Ref.J.Chem.(russ.) 1965. 18 R312.

Britischer Evaporator erfüllt die Anforderungen der modernen Maisstärke-Industrie. Dummett, G.A. Stärke 17. 86-88 (1965) - Ref. J.Chem.(russ.) 1966. 2 R360.

Wege zur Erhöhung der Stärkeausbeute bei der Verarbeitung von Mais nach der Methode der alkalischen Dispergierung. Bondar, T.A. Zucker-Ind.(russ.) 39. Nr.1. 54-56 (1965) - Ref.J.Chem.(russ.) 1965. 14 R302.

Über eine neue Technologie zur Gewinnung roher Maisstärke. Tregubow, N.N. Zucker-Ind.(russ.) 39. 384-88 (1965) - Ref.J.Chem.(russ.) 1965. 21 R326.

Über Verfahren zur Bearbeitung und Lagerung von für Stärkeprodukte zu verarbeitenden Mais. Tregubow, N.N. Zucker-Ind.(russ.) 39. 465-67 (1965) - Ref.J.Chem.(russ.) 1966. 3 R350.

Die Verarbeitung von frisch geerntetem Mais mit erhöhtem Feuchtigkeitsgehalt in Maisstärkefabriken. Bytschkow, B.K. Zucker-Ind.(russ.) 39. Nr.7. 60-63 (1965) - Ref.J.Chem.(russ.) 1966. 1 R327.

Extraktion von Stärke aus Mais. Eine von dem industriellen Verfahren abgeleitete Laboratoriumsmethode. Saint-Lèbe, P.L., Jossoud, M. und André, C. Stärke 17. 341-46 (1965).

Erprobung der Zentrifuge NOGSch-325 für die Abtrennung von Protein und dem Durchwaschen von Stärke in der Maisstärkeindustrie. Shuschman, A.I., Lunkina, G.P. und Koptelowa, Je.K. Zucker-Ind.(russ.) 38. Nr.7. 66-69 (1964) - Ref.J.Chem.(russ.) 1965. 14 R300.

Technologie der Maisverarbeitung. Hrdlička, J. Průmysl Potravin 15. 407-10 (1964).

Fragen der Gewinnung von Maisstärke. Fukuoka, K. Food Ind. (Japan) 7. Nr.24. 67-70 (1964) - Ref.J.Chem.(russ.) 1965. 23 R369.

Wege zur Durchführung der Gewinnungstechnologie von Stärke aus Mais. Shuschman, A.I. Zucker-Ind.(russ.) 38. Nr.1 53-57 (1964) - Ref.J.Chem.(russ.) 1965. 7 R277.

Die Isolierung der Stärke von Mais und Amylomais nach einem neutralen chemischen Einweichprozeß. Montgomery, E.M., Sexson, K.R. und Dimler, R.J. Stärke 16. 314-20 (1964) - Ref.J.Chem.(russ.) 1965. 8 R316, C.A. 62. 723a (1965), C. 1966. 2-2864.

Beobachtete Zusammenhänge zwischen analytischen Daten und technischen Stärkeausbeuten bei der Maisverarbeitung. Schlandt, K. Stärke 16. 23-25 (1964) - Ref. C. 1964. 48-2721. Ref.J.Chem.(russ.) 1965. 24 R335.

Die Materialberechnung der Separatorstationen von Maisstärkefabriken. Kurotschitzki, Tsch.K. Arb.zentr.wiss.Forsch.-Inst.Stärke- u.Stärkesirup-Ind.(russ.) 6. 77-92 (1963) -Ref.Stärke 16. 138 (1964).

Ein Versuch zur Verarbeitung von Maismehl auf Trockenstärke. Prichodko, A.M. Zucker-Ind.(russ.) 37. Nr.1 66-70 (1963) - Ref. J.Chem.(russ.) 1963. 15 R253. C.A. 58. 14279d (1963).

Über den Kennwert der Gewinnung von Stärke aus Mais bei dessen Verarbeitung. Siborow, D.K. Zucker-Ind.(russ.) 37. Nr.10. 771-72 (1963) - Ref. C. 1964. 21-2595. Ref.J.Chem.(russ.) 1964. 8 R360.

Die Entwässerung von Maisstärke in Trockenzentrifugen. Sabara, I. P. Zucker-Ind.(russ.) 1963. Nr.7. 71-72. - Ref.J.Chem.(russ.) 1964. 5 R338. C. 1965. 37-3015.

Über die Abtrennung von Stärke vom Maiskorn. Wostorgowa, Je.N. Zucker-Ind.(russ.) 1963. Nr.9. 58-63. - Ref.J.Chem.(russ.) 1964. 5 R336.

Die Eindickung eines Maisbreies durch Hydrocyclone (Aus der Praxis der Arbeiten des Beslaner Maiskombinates). Bytschkow, B.K. Zucker-Ind.(russ.) 1963. Nr.3. 62-67. - Ref.J.Chem.(russ.) 1963. 22 R322.

Die technologische Kontrolle und die Berechnung der Herstellung von Stärkeprodukten aus Mais. Krawtschenkow, Ss.F. und Truchatschewa, A.A.M. Pischtschepromisdat (russ.) 1963. 382 S. - Ref.J.Chem.(russ.) 1963. 20 R235. Stärke 15. 233 (1963).

Anwendung von Trommel- Durchflußsieben bei der Maisstärkeproduktion. Richter, W.A. und Maramochin, I.I. Zucker-Ind.(russ.) 36. Nr.6. 64-67 (1962) - Ref.J.Chem.(russ.) 1962. 24 N471. C. 1965. 35-2892.

Herstellung von Stärkeprodukten aus Mais (Maisstärke, Sago aus Maisstärke, Puddingstärke u. -pulver.)Shuschman, A.I., Ssinelnikow, I.D. und Schtyrkowa, Je.A. Pischtschepromisdat.(russ.) Moskau 1962. 188 S. - Ref. C. 1962. 13234. Ref.J.Chem.(russ.) 1962. 21 N204. Stärke 15. 79 (1963).

Die Resultate der Verarbeitung von Mais zu Stärkeprodukten. Tarnowskii, K.K. Zucker-Ind.(russ.) 36. Nr.5. 63-67 (1962) - Ref.J.Chem.(russ.) 1962. 23 N386. C.A. 57. 8785c (1962.) C. 1965. 39-2944.

Die Automatisierung der Hängezentrifuge im Maiskombinat Beslan. Burnazew, M.W. Zucker-Ind.(russ.) 35. Nr.11. 61-66 (1961) - Ref. Stärke 14. 226 (1962).

Anlage zur Herstellung von Maisprodukten. Forbath, T.P. Chem. Engn. 68. Nr. 5. 90-93 (1961) - Ref. C.A. 55. 13886h (1961) Ref.J.Chem.(russ.) 1962. 13 N323.

Das Naßverfahren zur Verarbeitung von Mais in der "Maizena" Fabrik in Krefeld (Deutsche Bundesrepublik). Lawler, F.K. Food Engng. 32. Nr.5. 58-60 (1960) - Ref.J.Chem.(russ.) 1961. 17 N312.

Herstellung von Produkten aus Zahnmais. Gorun, Je.G. Konserven- u.Trockengemüse-Ind.(russ.) 15. Nr.12.30-31. (1960).

Über die Einführung eines geschlossenen Verfahrens zur Verarbeitung von Mais zu Stärke im Beslaner Maiskombinat. Bytschkow, B.K. Zucker-Ind.(russ.) 34. Nr.11. 60-62 (1960) - Ref.J.Chem. (russ.) 1961. 14 N392. Stärke 13. 277 (1961) C. 1962. 13977. C.A. 56. 1655f (1962).

Chemische Technik bei der Maisverarbeitung. Brit.chem.Engng. 5. 556-58 (1960) - Ref.J.Chem.(russ.) 1961. Nr. 9 N373.

Wie die Fabrik von Brown und Polson Stärkeerzeugnisse herstellt. Food Manufact. 35. 137-44 (1960).

Neue Methode der Bearbeitung von Mais zur Stärkegewinnung. Nahrungsmittel-Ind.(bulg.) 8. Nr.11. 38-39 (1959).

Einige Fragen der Entwicklung der Technologie der Maisstärkeproduktion. Bolgár, P. und Hersiczky, A. Szeszipar 1959. 186-88. 196. - Ref.J.Chem.(russ.) 1960. 94196.

Organisation der komplexen Verarbeitung von Mais. Lossik, L.I. und Balanter, I.I. Zucker-Ind.(russ.) 33. Nr,8. 58-61 (1959) - Ref. C. 1960. 4378.

Hydrozyklone für Eiweißabtrennung und Eindickung in der Maisstärkefabrikation. Aszalos, A. Stärke 9. 29-34 (1957) - Ref. C.A. 51. 18664d (1957), C. 1958. 3760.

Die Anwendung von Hydrozyklonen bei der Maisstärkefabrikation. Wal, G.J. van der Stärke 7. 193-98 (1955) - Ref. C.A. 51. 1633f (1957), C. 1957. 3970.

Die Technologie von Zucker, Sirup und Stärke aus Mais. Evans, J. W. Northwestern Miller 252. Nr.14, 26, 28, 29, 32, 34, 42, 45. (1954) - Ref. C. 1955. 2797.

Über das Arbeiten mit Fluten in der Maisstärke-Industrie. 3.Mitt. Ishiyama, M. und Suwa, Y. J.technol.Soc.Starch (Japan) 2. Nr.1. 20 (1954).

Über das Arbeiten mit Fluten in der Maisstärkeindustrie. 2.Mitt. Ishiyama, M. und Suwa, Y. J.technol.Soc.Starch (Japan) 1. Nr.2. 19-21 (1953).

Über das Arbeiten mit Fluten in der Maisstärke-Industrie. 1.Mitt. Ishiyama, M. J.technol.Soc.Starch (Japan) 1. Nr.1. 7-10 (1953).

Probleme der Naßsiebung. Mautner, M. Stärke 5. 179-84 (1953) - Ref. C. 1954. 2289. C.A. 48. 179d (1954).

Herstellung von Maisstärke. Kawabe, T. J.technol.Soc.Starch (Japan) 1. 23-25 (1953) - Ref. C.A. 49. 9945c (1955).

Ein Beitrag zur Kenntnis der Naßsiebstation in einer Maisstärkefabrik. Mautner, M. Stärke 4. 238-42 (1952).

Verschiedene Herstellungsweisen von Maisstärke. Z.Spiritusind. 41. 195 (1918) - W.Ref. 2336, C. 1918. II. 159.

Die Herstellung von Maisstärke. Radley, J.A. Food Manufact. 27. 20-22 (1952) - Ref. C. 1953. 2042.

Die Industrie der Verarbeitung von Mais auf nassem Wege. Reck, R.C. Chem.Engng.Progr. 48. 261-64 (1952) - Ref. C. 1954. 1845.

Herstellung von Maiserzeugnissen. Patten, E.M. und McIntosch, G.H. Ind.Engng.Chem. 44. 483-87 (1952)- Ref. C. 1953. 1099, Stärke 4. 187 (1952), Stärke 7. 99 (1955), C.A. 49. 5703f (1955).

Die Herstellung von Maisstärke. Radley, J.A. Food Manufact. 26. 429-33, 488-92 (1951) - Ref. Stärke 4. 15 (1952), C. 1953. 2042.

Die Herstellung von trockener Maisstärke. Beschenzew, B.K. Snabtechisdat (russ.) Moskau-Leningrad 1934. (100 S.) - Ref. C. 1935. I. 2103.

Maisstärke. Williams, A.E. Ind.Chemist chem.Manufacturer 9. 129-33. (1933) - Ref. C. 1933. II. 626.

Herstellung von Maisstärke. Moffet, G.M. in R.P.Walton: A Comprehensive Survey of Starch Chemistry Part 1, S.130-138. Chemical Catalog Company, New York 1928.

Die Fabrikation der Maisstärke, sowie die Gewinnung der Rückstände und des Maisöles. I. Kritzkovsky, C.K.A. Chemiker-Ztg. 52. 425-28, 466-67, 486-87, 526-28 (1928) - Ref. C. 1928. II. 1043.

Maisstärkeindustrie. McCurdie, T. J.chem.,metallurg.Mining Soc. South Africa 25. 44-48 (1924) - W.Ref. 2365.

Stärke und Glucose aus Mais. 1., 2. u. 3. Mitt. Burtt-Davy, J. South African J.Ind. 5. 130-136, 177-183, 217-222 (1922) - W.Ref. 2357.

Herstellung von Stärke im kleinen wirtschaftlichen Maßstab aus Wurzeln und Mais. Krauss, F.G. Rep.agric.Exp.Stat. Hawaii 1921. 55-57 - W.Ref. 2353, C.A. 17. 3425 (1923).

Die Fabrikation von Maisprodukten. Gill, H.V. J.South African Instn.Engr. 19. 114-121 (1921) - W.Ref. 2351.

Glucose und Stärke aus Mais. Hall, Th.D. und Hay, G.M. South African J.Ind. 3. 597-605 (1920) - W.Ref. 2138, C.A. 15. 2994 (1921).

Fabrikation von Maisstärke, Maissirup und Maiszucker. Bryant, A.P. Amer.Food J. 12. 511-515 (1917) - W.Ref. 2329.

Die Herstellung von Maisstärke. Archbold, G. J.Soc.chem.Ind. 21. 4-9 (1902) - W.Ref. 2287.

Anwendung von Verfahren mit Alkali und schwefliger Säure bei der Herstellung von Maisstärke. Horton, H.E. J.Amer.chem.Soc. 17. 68-69 (1895) - W.Ref. 2269.

Extraktion der Stärke aus Mais, Herstellung eines reinen Maismehles, Vervollkommnung in der Fabrikation von Glucose. Riche, A. J.Pharmac.Chim.Sér. 5, 1. 137-144 (1880) - W.Ref. 2208.

243. Patente

(Vgl. auch "Getreidestärken allgemein, Patente": 203)

Ein Verfahren zur Gewinnung von keine Bakterien enthaltende Stärke. Nagata, T. und Iosida, T. Japan.P. 11 932 vom 28/7. 1960., ausg. 12/7. 1963. - Ref.J.Chem.(russ.) 1965. 9 R335.

Gewinnung von Stärke. Corn Products Refining Co. Belg.P. 562 541 vom 20/11. 1957., ausg. 3/6. 1960. E.Prior. 30/9. 1957. - Ref. C. 1961. 17035.

Herstellung von Maisstärke unter Anwendung einer Zyklon-Klassierung. Stamicarbon, N.V. (Erfinder: Hage, P.W.) A.P. 2 772 990 ausg. 4/12. 1956. - Ref. C.A. 51. 6192d (1957).

Stärke und Kleie von Mais. Kawabe, T. Japan.P. 3174 ('53) vom 7/7. 1953. - Ref. Stärke 6. 259 (1954) - C.A. 48. 8570b (1954).

Gewinnung von reiner Stärke. Mij. voor Kolenbewerking Stamicarbon N.V. F.P. 1 062 689 vom 4/9. 1952, ausg. 26/4. 1954. Holl. Prior. 5/9. 1951. - Ref. C. 1955. 1631.

Extraktion von Stärke. Mij. voor Kolenbewerking Stamicarbon, N.V. F.P. 1 062 690 vom 4/9. 1952, ausg. 26/4. 1954. Holl.Prior. 5/9. 1951. - Ref. C. 1955. 3508.

Gewinnung von Maisstärke. Mij. voor Kolenbewerking Stamicarbon, N.V. It.P. 499 413 vom 3/9. 1952. Holl.Prior. 5/9. 1951. id. mit F.P. 1 062 690. - Ref. C. 1960. 11500.

Gewinnung von Stärke. Mij. voor Kolenbewerking Stamicarbon, N.V. It.P. 499 412 vom 3/9. 1952. Holl.Prior. 5/9. 1951. id. mit F.P. 1 062 689. - Ref. C. 1960. 7367.

Gewinnung von Maisstärke. Mij. voor Kolenbewerking Stamicarbon, N.V. Dän.P. 83 030 vom 28/8. 1951, ausg. 8/7. 1957. A.Prior. 29/8. 1950. id. mit: D.B.P. 915 560. - Ref. C. 1961. 5278.

Verfahren zum Trennen nach Setzgeschwindigkeit von in Flüssigkeit suspendierten Maisstärke- und Eiweißteilchen. Mij. voor Kolenbewerking Stamicarbon, N.V. (Erfinder: Vegter, H.J.) D.B.P. 915 560 Kl.89k vom 29/8. 1951, ausg. 22/7. 1954. A.Prior. 29/8. 1950. id. mit: Schwz. P. 297 389. - Ref. Stärke 7. 65 (1955), C. 1955. 710.

Verfahren zum Trennen nach Setzgeschwindigkeit von in Flüssigkeit suspendierten Maisstärke- und Eiweißteilchen. Mij. voor Kolenbewerking Stamicarbon, N.V. (Erfinder: Vegter, H.J.) Schwz.P. 297 389 vom 28/8. 1951, ausg. 1/6. 1954. A.Prior. 29/8. 1950. id. mit: D.B.P. 915 560. - Ref. Stärke 7. 65 (1955), C. 1955. 710.

Trennung von Maisstärke und Glutenbestandteilen. Mij. voor Kolenbewerking Stamicarbon, N.V. E.P. 717 918 vom 27/8. 1951.

Gewinnung von Maisstärke. Mij. voor Kolenbewerking Stamicarbon, N.V. Oe.P. 179 277 vom 28/8. 1951, ausg. 10/8. 1954. A.Prior. 29/8. 1950. - Ref. C. 1955. 1631.

Verfahren zur Herstellung von Stärke aus Mais. Mij. voor Kolenbewerking Stamicarbon, N.V. (Erfinder: Vegter, H.J.) Schwed.P. 144 084 Kl.89k vom 15/8. 1951., ausg. 9/2. 1954. A.Prior. vom 29/8. 1950.

Konzentrierte Maisstärkesuspensionen. Mij. voor Kolenbewerking Stamicarbon N.V. Dän.P. 75 570 vom 18/2. 1950., ausg. 9/3. 1953. - Ref. C. 1955. 1631.

Mehrstufige Zentrifugalabscheidung von Maisstärke. Eckers, C.G., übert. an: Aktiebolaget Separator) A.P. 2 536 430 vom 23/6. 1949., ausg. 2/1. 1951. Schwed.Prior. vom 26/6. 1948. - Ref. Stärke 4. 12 (1952).

Stärkegewinnung. Staley, A.E., Mfg.Co., übert. von: Hansen, D.W. Canad.P. 503 716 vom 3/2. 1949., ausg. 15/6. 1954. id. mit: A.P. 2 472 971. - Ref. C. 1960. 12191.

Maisstärkeherstellung. Lauhoff Grain Co., übert. von: E.R. Darling u. W.E.C. Yelland. A.P. 2 534 249 v. 14/4. 1948. ausg. 19/12. 1950. - Ref. Stärke 3. 132 (1951) - C. 1952. 3914.

Stärkegewinnung, besonders aus Mais. Aktiebolaget Separator (Erfinder: Eckers, C.G.) A.P. 2 556 322 vom 15/4. 1948., ausg. 12/6. 1951. Schwed.Prior. vom 16/4. 1947. - Ref. C. 1952. 5019.

Gewinnung von Stärke aus Stärkemilch. Aktiebolaget Separator, übert.von: C.G. Eckers. A.P. 2 543 660 vom 15/10. 1947., ausg. 27/2. 1951. Schwed.Prior. 16/10. 1946. - Ref. C. 1952. 4234.

Herstellung von Maiserzeugnissen. Staley Manufacturing Co., übert. von: D.W. Hansen. A.P. 2 472 971 vom 7/11. 1945., ausg. 14/6. 1949. - Ref. C. 1949. E. 1642.

Gewinnung von Stärke aus Mais. International Patents Development Co. u. Corn Product Refining Co. u. F.O. Gieske. E.P. 516 060 vom 16/6. 1938, ausg. 18/1. 1940. - Ref. C. 1940. II. 1376.

Gewinnung von Stärke aus Mais. Corn Products Refining Co. E.P. 857 143 vom 30/6. 1939., ausg. 26/8. 1940. A.Prior. 11/7. 1938. - Ref. C. 1941. I. 2049.

Gewinnung von Stärke aus Mais. Corn Products Refining Co. F.P. 853 131 vom 15/4. 1939., ausg. 11/3. 1940. E.Prior. 16/6. 1938. - Ref. C. 1941. I. 2049.

Herstellung von Stärke aus Mais. Corn Products Refining Co., (Erfinder: F.E. Giesecke) D.R.P. 765 103 vom 13/4. 1939., ausg. 9/2. 1953. E.Prior. 16/6. 1938. - Ref. C. 1953. 4457.

Gewinnung von Stärke aus Mais. International Patents Development Co. und Corn Products Refining Co. (Erfinder: Giesecke, F.O.) It.P. 373 433 vom 5/4. 1939., E.Prior. 16/6. 1938. id. mit: E.P. 516 060. id. mit: A.P. 2 251 448. - Ref. C. 1940. II. 1376.

Herstellung von Maisstärke. Corn Products Refining Co. F.P. 844 308 vom 4/10. 1938., ausg. 24/7. 1939. A.Prior. 29/12. 1937.

Gewinnung von Stärke aus Mais. Corn Products Refining Co. übert. von: C.Bergquist. A.P. 2 228 717 vom 19/8. 1938., ausg. 14/1. 1941. - Ref. C. 1941. II. 1219.

Gewinnung von Stärken und Gluten aus Mais. Deutsche Maizena G.m.b.H. F.P. 826 749 vom 14/9. 1937., ausg. 7/4. 1938. - Ref. C. 1938. II. 1690.

Gewinnung von Stärke aus Mais. International Patents Development Co. F.P. 48 732 vom 19/8. 1937., ausg. 21/6. 1938. A.Prior. 17/10. 1936. Zusatz zu F.P. 813 220. - Ref. C. 1938. II. 3172.

Gewinnung von Stärke und Nebenprodukten aus Mais auf feuchtem Wege. International Patents Development Co. Belg. P. 422 832 vom 24/7.1937., Auszug veröff. 19/1. 1938. - Ref. C. 1938. II. 1503.

Gewinnung von Stärke und Nebenprodukten aus Mais auf feuchtem Wege. International Patents Development Co. Belg. P. 422 830 vom 24/7. 1937., ausg. 19/1. 1938. - Ref. C. 1938. II. 1503.

Gewinnung von Stärke und Nebenprodukten aus Mais. International Patents Development Co. **Belg.P.**422 829 vom 24/7. 1927. Auszug veröff. 19/1. 1938. - Ref. C. 1938. II. 1503.

Gewinnung von Stärke und der dabei auftretenden Nebenprodukte aus Mais. International Patents Development Co. F.PP. 824 771, 824 772, 824 773 u. 824 774 vom 23/7. 1937., ausg. 16/2. 1938. - Ref. C. 1938. II. 2197.

Verfahren für die Gewinnung von Stärke aus Getreide, insbesondere aus Mais, wobei Stärke und Gluten durch Zentrifugieren getrennt werden. Corn Products Refining Co. Holl.P. 46 724 Kl.89k vom 26/6. 1937., ausg. 15/9. 1939.

Verfahren für die Gewinnung von Stärke aus Getreide, insbesondere aus Mais, wobei Stärke und Gluten durch Zentrifugieren getrennt werden. Corn Products Refining Co. Holl.P. 46 723 Kl.89k vom 26/6. 1937., ausg. 15/9. 1939.

Verfahren für die Gewinnung von Stärke aus Getreide, insbesondere aus Mais, wobei Stärke und Gluten durch Zentrifugieren getrennt werden. Corn Products Refining Co. Holl.P. 46 722 Kl.89k vom 26/6. 1937., ausg. 15/9. 1939.

Verfahren für die Gewinnung von Stärke aus Getreide, insbesondere aus Mais. Corn Products Refining Co. Holl.P. 46 232 Kl.89k vom 26/6. 1937., ausg. 15/7. 1939.

Herstellung von Stärke aus Mais. Corn Products Refining Co. D.R.P. 709 315 Kl.89k vom 24/6. 1937., ausg. 13/8. 1941. - Ref. C. 1941. II. 250

Herstellung von Stärke aus Mais. Corn Products Refining Co. D.R.P. 703 386 Kl.89k vom 24/6. 1937., ausg. 7/3. 1941. - Ref. C. 1941. I. 3599.

Gewinnung von Maisstärke. International Patents Development Co. Belg. P. 422 253 vom 23/6. 1937., Ausz. veröff. 21/12. 1937. - Ref. C. 1938. II. 1327.

Maisstärke. International Patents Development Co. F.PP. 813 220 u. 813 221 vom 9/11. 1936., ausg. 28/5. 1937. A.Prior. 11/11. 1935. - Ref. C. 1937. II. 2276.

Gewinnung von Stärke aus Mais. International Patents Development Co. F.P. 806 697 vom 23/5. 1936., ausg. 22/12. 1936. A.Prior 8/7. 1935. - Ref. C. 1937. I. 2893.

Verfahren zur Herstellung von Stärke aus Mais. International Patents Development Co. D.R.P. 661 733 Kl.89k vom 21/5. 1936., ausg. 25/6. 1938. A.Prior. vom 8/7. 1935. id.mit: F.P. 806 697.

Gewinnung von Stärke. International Patents Development Co. übert. von: H.Boie. A.P. 2 124 284 vom 19/10. 1935., ausg. 19/7. 1938. D.Prior. 6/5. 1935. - Ref. C. 1938. II. 3172.

Herstellung einer trockenen, pulverförmigen Maisstärke. International Patents Development Co. übert. von: A.J. Bulfer, C. Horesi. A.P. 2 115 157 vom 18/10. 1935., ausg. 26/4. 1938. - Ref. C. 1938. II. 1690.

Gewinnung von Stärke aus indischem Mais. Wagner, Th. B. A.P. 2 132 251 vom 18/6. 1935., ausg. 4/10. 1938. - Ref. C. 1939. I. 2095.

Verfahren für die Gewinnung von Stärke aus Mais. International Patents Development Co. Holl.P. 40 556 Kl.89k vom 10/3. 1935., ausg. 15/4. 1937. A.Prior. vom 17/10. 1934.

Herstellung von Maisstärke. International Patents Development. Co. E.P. 787 060 vom 12/3. 1935., ausg. 16/9. 1935. A.Prior. 17/10. 1934. - Ref. C. 1936. I. 3589.

Stärke aus Mais. International Patents Development Co. D.R.P. 643 917 Kl.89k vom 9/1. 1935., ausg. 20/4. 1937. A.Prior.17/10. 1934. - Ref. C. 1937. II. 682.

Stärke aus Mais. Staley, A.E. mfg. Co., übert. von: A.E. Staley. A.P. 2 116 610 vom 17/11. 1934., ausg. 10/5. 1938. - Ref. C. 1938. II. 2197.

Gewinnung von Maisstärke. Corn-Products Refining Co. übert.von: International Patents Development Co. übert.von: F.L.Jefferies Can.P. 376 947 vom 26/9. 1934, ausg. 11/10. 1938. A.Prior. 18/7. 1934. - Ref. C. 1939. I. 1086.

Herstellung von Stärke aus Mais. International Patents Development Co. F.P. 771 761 vom 11/4. 1934., ausg. 16/10. 1934. A.Prior. 26/4. 1933. - Ref. C. 1935. I. 2273.

Verfahren zur Herstellung von Stärke aus Mais. International Patents Development Co. D.R.P. 629 242 Kl.89k vom 11/4. 1934., ausg. 25/4. 1936. id.mit: F.P. 771 761.

Gewinnung von Stärke aus Mais oder anderen Getreidearten. International Patents Development Co. übert. von: H. Kelling. A.P. 2 114 497 vom 12/6. 1933., ausg. 19/4. 1938. - Ref. C. 1938. II. 2197.

Gewinnung von Stärke aus Mais oder anderem Getreide. International Patents Development Co. übert. von: Alfred A.H. Kelling A.P. 2 105 217 vom 12/6. 1933., ausg. 11/1. 1938. - Ref. C. 1938. I. 3276.

Gewinnung von Maisstärke. International Patents Development Co., übert. von: A.H. Kelling. A.PP. 2 115 170 u. 2 115 171 vom 5/6. 1933 u. 4/6. 1936., ausg. 26/4. 1938. - Ref. C. 1938. II. 1690.

Gewinnung von Maisstärke. International Patents Development Co. übert. von: A.H. Kelling. A.P. 2 124 779 vom 5/6. 1933., ausg. 26/7. 1938. - Ref. C. 1938. II. 4326.

Gewinnung von Stärke und Nebenprodukten aus Mais. Corn Products Refining Co. übert. von: A.H. Kelling. A.P. 2 133 543 vom 5/6. 1933., ausg. 18/10. 1938. - Ref. C. 1939. I. 2096.

Herstellung von Stärke. International Patents Development Co. (Erfinder: Jefferies, F.L.) A.P. 2 088 706 vom 26/4. 1933., ausg. 3/8. 1937.

System für die Stärkeherstellung. International Patents Development Co. (Erfinder: Jefferies, F.L.) A.P. 2 065 313 vom 26/4. 1933. ausg. 22/12. 1936.

Stärke aus Mais. International Patents Development Co. D.R.P. 631 547 Kl.89k vom 14/4. 1933., ausg. 23/6. 1936. A.Prior. 22/4. 1932.

Verfahren für die Gewinnung von Stärke aus Mais auf nassem Wege. International Patents Development Co. Holl.P. 40 437 Kl.89k vom 11/4. 1934., bek.gem. 16/11. 1936. A.Prior. vom 26/4. 1933.

Verfahren für die Gewinnung von Stärke aus Mais. International Patents Development Co. Holl.P. 40 387 Kl.89k vom 11/4. 1933., bek.gem. 16/11. 1936. A.Prior. vom 22/4. 1932.

Herstellung von Maisstärke. International Patents Development Co. F.P. 754 127 vom 11/4. 1933., ausg. 2/11. 1933. A.Prior. 22/4. 1932. - Ref. C, 1934. I. 1728.

Herstellung von Maisstärke. A.E. Staley Mfg. Co., übert. von: R.E. Greenfield. A.P. 2 058 683 vom 23/9. 1932., ausg. 27/10. 1936. - Ref. C. 1937. I. 1042.

Filtrierverfahren bei der Gewinnung von Maisstärke. Dorr Co. Inc. übert. von: E. Staritzky. A.P. 1 946 039 vom 21/5. 1931., ausg. 6/2. 1934. - Ref. C. 1934. I. 3531.

Verfahren zur Gewinnung von Stärke aus Mais. Brown & Polson Ltd. D.R.P. 534 529 Kl.89k vom 13/9. 1929., ausg. 26/9. 1931. E. Prior. 1/11. 1928. - Ref. C. 1931. II. 3678.

Behandlung von Mais zwecks Gewinnung von Stärke. Acton, W., E.P. 324 702 vom 1/11. 1928., ausg. 27/2. 1930. - Ref. C. 1930. I. 3366.

Herstellung von Stärke. International Patents Development Co. (Erfinder: Jefferies, F.L.) A.P. 1 750 756 vom 8/9. 1928., ausg. 18/3. 1930.

Verfahren zur Herstellung von Stärke aus Mais. Corn Products Refining Co. D.R.P. 555 693 Kl.89k vom 24/2. 1928., ausg. 29/7. 1932. A.Prior. 3/3. 1927. - Ref. C. 1932. II. 1982.

Gewinnung von Stärke aus Mais. Corn Products Co. Ltd., London, übert. von: R.O.Mc Coy Berwyn (Illinois, V.St.A.). E.P. 288 546 vom 3/3. 1928., ausg. 7/8. 1928. Prior. 11/4. 1927. - Ref. C. 1928. II. 1949.

Apparatur zur Gewinnung von Stärke. Corn Products Refining Co. Aust. P. 13 044/28 vom 30/4. 1928., ausg. 18/12. 1928. - Ref. C. 1929. II. 1863.

Verfahren zur Herstellung von Stärke aus Mais. Corn Products Refining Co., D.R.P. 531 202 Kl.89k vom 12/4. 1927., ausg. 6/8. 1931. id.mit: E.P. 277 572.

Gewinnung von Stärke. International Patents Development Co., übert. von: R.O.Mc Coy. Canad.P. 275 671 vom 17/3. 1927., ausg. 22/11. 1927. - Ref. C. 1930. II. 3659.

Gewinnung von Stärke aus Mais unter Rückführung der Abwässer. Penick & Ford Ltd., V.St.A. D.R.P. 639 945 Kl.89k vom 21/4. 1926., ausg. 17/12. 1936.

Gewinnung von gereinigter Maisstärke. Bratring, K. D.R.P. 444 259 Kl.89k vom 30/3. 1924., ausg. 24/11. 1927. - Ref. C. 1928. I. 601.

Verfahren zur Gewinnung von Maisstärke. Geistdörfer, J.J. D.R.P. 321 372 vom 15/9. 1912., ausg. 29/5. 1920. - Ref. C. 1920 IV. 294.

Verfahren zur Gewinnung von Stärke und Eiweiß aus Mais mit Hilfe von alkalischem Alkohol. Wulkan, H. und Straetz, H. D.R.P. 117 631 Kl.89k vom 7/7. 1900., ausg. 12/2. 1901.

Neuerungen in dem Verfahren und an den Apparaten zur Herstellung von Stärke, zuckerigen Massen und Viehfutter aus Mais oder anderem Getreide. Wilhelm, E. D.R.P. 23 104 Kl.89k vom 26/5. 1882, ausg. 23/7. 1883.

244. Einweichen, Entkeimen und Naßmahlung

2441. Einweichen und Quellwasser
2442. Entkeimen
2443. Naßmahlung

2441. Einweichen und Quellwasser

(Auch Anwendung des Quellwassers. Vgl. auch "Kulturböden, Nährmedien": 453)

Kontinuierliche Maisquellung, ihre Vorteile gegenüber dem konventionellen Verfahren. Grindel, R.S. Stärke 17. 298-301 (1965).

Untersuchung der Fragen des Einweichens von Maiskorn in Behältern, die nicht aus Holz sind. Lunkina, G.P. Arb.Allunions-Forsch.-Inst.Stärkeprodukte (russ.) 7. 101-08 (1964) - Ref.J.Chem. (russ.) 1965. 13 R364.

Über die zweckmäßige Konstruktion von Behältern für das Einweichen von Körnern in der Maisstärkeindustrie. Bytschkow, B.K. und Shuschman, A.I. Zucker-Ind.(russ.) 38. 936-40 (1964).

Möglichkeiten zur Verkürzung des Einweichprozesses des Kornes in der Maisstärkeindustrie. Shuschman, A.I. und Lunkina, G.P. Zucker-Ind.(russ.) 38. Nr.8. 61-66 (1964) - Ref. C. 1965. 51-2865. Ref.J.Chem.(russ.) 1965. 24 R340.

Die Stoffausscheidung quellender Maiskörner. Schwär, Ch. und Jähne, E. Biol.Zbl. 83. 231-32 (1964) - Ref. C. 1964. 52-1184.

Die Verwendung von Salzen der schwefligen Säure bei der Maisstärkegewinnung. Ssutulow, A.N., Maslennikowa, T.N. und Ssolowjew, D. T. Stärke 15. 368-70 (1963) - Ref.J.Chem.(russ.) 1964. 9 R352. C.A. 60. 4692f (1964).

Einige Daten über den Einfluß von Natriumhydrogensulfit auf die Quellung des Maiskornes. Maslennikowa, T.N. und Ssolowjew, D.T. Arb.zentr.wiss.Forsch.-Inst.Stärke- u. Stärkesirup-Ind.(russ.) 6. 92-99 (1963) - Ref.J.Chem.(russ.) 1964. 3 R310. C.A. 61. 4578e (1964), Stärke 16. 138 (1964).

Über das Eindampfen von aus frischem Mais erhaltenen Extrakt. Bytschkow, B.K. Zucker-Ind. (russ.) 37. Nr.2. 59-62 (1963) - Ref.J.Chem.(russ.) 1963. 16 R233.

Zum Vitamin- und Aminosäuregehalt von Maisquellwasser. Herbst, A.-M. Stärke 15. 142-43 (1963) - Ref.J.Chem.(russ.) 1964. 1 R321.

Aminosäuren im Maisquellwasser. Zelinka, J., Hudec, M. und Pelcová, L. Nature (London) 195. 503-04 (1962) - Ref. C.A. 57. 11675f (1962).

Biochemische Eigenschaften von in Kalkwasser eingeweichtem Mais. Ionescu, M.V., Saulescu, N.N., Ivanescu, M. und Birsan, M. Acad.Rep.Populare Romine, Studii Cercetari Biochim., 4. 485-90 (1961) - Ref. C.A. 57. 3682h (1962), C. 1965. 33-1394.

Über die Veränderung des Quellwassers beim Einweichen von Mais. Bytschkow, B.K. Zucker-Ind.(russ.) 35. Nr.9. 62-66 (1961) - Ref.J.Chem.(russ.) 1962. 8 N310. C. 1962. 18669. Stärke 14. 229 (1962). C.A. 56. 10434f (1962).

Über die Ausbeute an Maisextrakt. Bytschkow, B.K. und Tanklaewa, R.A. Zucker-Ind.(russ.) 35. Nr.7. 67-69 (1961) - Ref. C.A. 56. 618f (1962). Ref.J.Chem.(russ.) 1962. 5 N337. Stärke 14. 151 (1962). C. 1963. 725.

Der Einfluß des Einweichens des Kornes von Mais und Weizen in schwefliger Säure auf die Eigenschaften der Stärke. Knjaginitschew, M.I. und Ljapunowa, G.M. Hochschulnachr.Nahrungsmittel Technol.(russ.) 1960. Nr.6. 35-39. - Ref.J.Chem.(russ.) 1961. 20 N219. C.A. 55. 15970i (1961). C. 1962. 17595. Stärke 14. 228 (1962).

Die Anwendung von Salzen der schwefligen Säure in der Maisstärkeindustrie. Ssutulow, A.N., Masslennikowa, T.N. und Ssolowjew, D.T. Arb.zentr.wiss.Forsch.-Inst.Stärke-Sirup-Ind.(russ.) 4. 29-43 (1960) - Ref.J.Chem.(russ.) 1961. 19 N196. Stärke 14. 227 (1962). C. 1964. 39-2591.

Die Bestimmung gewisser im Maisextrakt enthaltener Schwermetalle. Miss, A. und Iliescu, S. Ind.aliment., Produse vegetale 11. 16-18 (1960).

Über den Gehalt von proteinogenen Aminosäuren und B-Vitaminen im Maisquellwasser. Aurich, H. Nahrung 4. 31-41 (1960) - Ref. C. 1961. 4918. Stärke 13. 313 (1961).

Fermentative Herstellung von Prednisolon. Shionogi & Co. Ltd. E.P. 833 595 ausg. 27/4. 1960. - Ref. C.A. 54. 20073g (1960).

Einfluß einiger Grundstoffe auf die Eignung von Maisquellwasser für die Penicillinproduktion. Misecka, J. und Zelinka, J. Biologia (Bratislava) 14. 591-96 (1959).

Das Maisquellwasser; seine Gewinnung, Eindampfung und Trocknung. Nowak, A. Stärke 11. 174-78 (1959) - Ref.J.Chem.(russ.) 1960. 24182. C. 1960. 16616.

Einfluß der Quellbedingungen auf die Maisstärkeausbeute. Hanula, P. Chemické Zvesti 13. 484-92 (1959) - Ref.J.Chem.(russ.) 1960. 40496. C. 1960. 14383. C.A. 54. 936e (1960). Stärke 12. 94 (1960).

Verfahren zum Einweichen von Maiskörnern. Tregubow, N.N. UdSSR.P. 117 333 vom 6/2. 1959. - Ref.J.Chem.(russ.) 1959. Nr. 83772. Stärke 14. 100 (1962).

Von der Maisannahme bis zur Maisentkeimung. Nowak, A. Stärke 10. 194-98 (1958) - Ref. C. 1959. 11752.

Maisquellwasser. 3.Mitt. Biochemie des Quellens von Mais. Zelinka, J. Biológia (Bratislava) 13. 212-16 (1958).

Maisquellwasser. 2.Mitt. Biochemie des Quellens von Mais. Zelinka, J. Zapletal, J., Jakab, J., Misečka, J., Hudec, M. und Simnová, Z. Biológia (Bratislava) 13. 15-25 (1958).

Die Proteine in Wasserextrakten von Mais. Craine, E.M. und Fahrenholtz, K.E. Cereal Chem. 35. 245-59 (1958).

Futtermittel auf der Basis von getrocknetem Maisquellwasser. Corn Products Co. A.P. 2 859 114 vom 21/2. 1957., ausg. 4/11. 1958. - Ref. Stärke 12. 313 (1960).

Quantitative Bestimmung der Vitamine des Vitamin-B-Komplexes in vier Mustern von Maisextrakten mittels Mikrobentesten. Belik,E. Chemické Zvesti 11. 51-56 (1957).

Maisextrakt. 1.Mitt. Biochemie des Einweichens von Mais. Zelinka, J. und Zapletal, J. Biológia (Bratislava) 11.229-35 (1956).

Betrag zum Studium reduzierender Stoffe im Maisquellwasser. Zelinka, J., Jakab, J. und Zapletal, J. Chem. Zvesti 10. 536-42 (1956).

Einfluß des Rohstoffs auf die biologische Qualität des Maisextrakts. Valentin, F., Hanula, P. und Arpai. J. Chem.Zvesti 10. 52-62 (1956).

Entfernen von Cl-Ionen aus Maisquellwasser. Farbwerke Hoechst A.-G. vorm. Meister Lucius & Brüning (Erfinder: **A.Oppermann** u. H. Öppinger). D.B.P. 967 898 Kl.30h vom 25/6. 1955., ausg. 27/12. 1957. - Ref. C. 1958. 6921.

Eine Untersuchung der Milchsäuregärung bei der handelsüblichen Maisquellung. Watson, S.A., Hirata, Y. und Williams, C.B. Cereal Chem. 32. 382-94 (1955) - Ref. C. 1959. 16497.

Anforderungen der Penicillinproduktion an das Maisquellwasser und die Möglichkeit der Verwertung technisch anfallender Quellwasser durch biologische Beeinflussung. Dierchen, W. Stärke 6. 127-31 (1954) - Ref. C. 1955. 2251.

Über die Zusammensetzung des Maisquellwassers und die rheologischen Eigenschaften der Stärke in Abhängigkeit von den Quellbedingungen. Dostal, L. Stärke 5. 116-119 (1953) - Ref. C. 1953. 8732.

Verwendung von Maisquellwasser in der Penicillinindustrie. Weigner, K. Stärke 4. 121-23 (1952) - Ref. C. 1953. 6092.

Entbittern von Quellwasser aus der Naßverarbeitung von Getreide. Organchemie G.m.b.H. (Erfinder: Klinga, J. und Langner, G.) D.B.P. 957 544 Kl.53g vom 10/8. 1952., ausg. 7/2. 1957. - Ref. C. 1957. 7518, C.A. 54. 3787a (1960), Stärke 9. 58 (1957).

Über Mesoinosit, ein Erzeugnis aus Maisquellwasser. Graefe, G. Stärke 4. 275-81 (1952).

Mikroskopische Beobachtungen und Verfahren beim Einweichen von Mais. Wagoner, J.A. Cereal Chem. 25. 354-361 (1948).

Die Vorbereitung des Maises zum Zwecke der Verschrotung oder Vermahlung. Fritsch, Eugen Mühle 78. 539-42. 575-76 (1941) - Ref. C. 1942. I. 280.

Einweichen von Mais für die Stärkegewinnung. Corn Products Refining Co. F.P. 864 785 vom 13/4. 1940., ausg. 5/5. 1941. A.Prior. 25/9. 1939. - Ref. C. 1941. II. 2881.

Einweichen von Mais. Clinton, Co. (Erfinder: Jurgensen, R.P. und Rohwer, A.G.) A.P. 2 298 623 vom 8/4. 1940., ausg. 13/10. 1942.

Maisbehandlung. Musher Foundation Inc., übert. von: Sidney Musher. A.P. 2 232 555 vom 7/10. 1939., ausg. 18/2. 1941. - Ref. C. 1941. II. 1088.

Eindampfen von Einweichwasser aus den Quellbottichen bei der Herstellung von Stärke aus Mais. Corn Products Refining Co. (Erfinder: McCoy, R.O.) D.R.P. 702 762 Kl.89k vom 17/6. 1937., ausg. 15/2. 1941. A.Prior. 6/7. 1936. - Ref. C. 1941. I. 2876.

Behandlung des Einweich- und Quellwassers von der Stärkefabrikation. International Patents Development Co. übert. von: R.W. Kerr u. H. Berlin. A.P. 1 918 812 vom 12/7. 1930., ausg. 18/7. 1933. - Ref. C. 1933. II. 2336.

Behandeln von Getreidekörnern. Treuhand-Ges. (Erfinder: L.Bartmann) E.P. 271 068 vom 6/5. 1927., Auszug veröff. 7/7. 1927. Prior. 17/5. 1926. id. mit: F.P. 623 836 u. A.P. 1 670 015 - Ref. C. 1927. II. 1765.

Aufarbeitung der bei der Stärkefabrikation anfallenden Einweich-, Wasch- und Extraktionswässer. Soc. Industrielle de Landrecies u. C. Mariller. F.P. 631 610 vom 19/6. 1926., ausg. 23/12. 1927. - Ref. C. 1928. I. 1916.

2442. Entkeimen

(Vgl. auch "Nebenprodukte": 247)

Trockenentkeimung von Mais. Ander, E. Stärke 17. 295-98 (1965).

Die Abtrennung des Maiskeimes durch Hydrocyclone. Richter, W.A. Zucker-Ind.(russ.) 1963. Nr.7. 63-66. - Ref.J.Chem.(russ.) 1964. 5 R337. C. 1964. 41-2538.

Die Ausnutzung des Dampftrockners PKSs-20 für die Trocknung des Maiskeimes. Kossjanskii, B.Ss. Zucker-Ind.(russ.) 1963. Nr.8. 618-20. - Ref.J.Chem.(russ.) 1964. 8 R362.

Maiskeim-Vermahlung. Rao, S.K., Kartha, C.C., Rao, B.A., Rao, S.D. T. und Murti, K.S. Food Sci. (Mysore, India) 12. Nr.3. 71-74 (1963) - Ref. J.Chem.(russ.) 1964. 8 R361. C. 1965. 10-2799.

Abtrennung der Maiskeime von in der Gärungsindustrie verarbeitetem Mais. Solotarew, Ss.M., Sabrodski, A.G. und Poloshischnik, A.F. Spiritus-Ind.(russ.) 28. Nr.7. 20-26 (1962) - Ref. C. 1965. 27-2935.

Über die Beurteilung der Arbeit von Apparaten zur Abtrennung des Maiskeimes. Kurotschitzki, Tsch.K. Zucker-Ind.(russ.) 36. Nr.2. 56-57 (1962).

Vom Maiskeim bis zum Speiseöl. Nowak, A. Stärke 13. 249-54 (1961).

Qualitätsprüfung verschiedener Maiskeimsorten und ihre Eignung für die Maisölgewinnung. Kempf, W. Stärke 13. 10-11 (1961).

Über die Auftauchgeschwindigkeit des Maiskeimes in Abhängigkeit von der Dichte der Milch und der Konsistenz des Schrotes. Bytschkow, B.K. Zucker-Ind.(russ.) 35. Nr.6. 53-59 (1961) - Ref. Stärke 14. 151 (1962). Ref.J.Chem.(russ.) 1962. 1 N357. C. 1963. 1106.

Die Verwendung von Hydrocyclonen zur Abtrennung des Maiskeimes. Kurotschitzki, Tsch.K. Zucker-Ind.(russ.) 35. Nr.4. 63-66 (1961) - Ref. Stärke 13. 353 (1961). C.A. 55. 25304i (1961). Ref.J.Chem.(russ.) 1961. 19 N197. C. 1962. 17957.

Ersatz des Maisextrakts durch Extrakt aus Malzkeimlingen für die Biosynthese von Penicillin. Andrejewa, Ss.M. Antibiotika (russ.) 4. Nr.5. 28-33 (1959) - Ref. C. 1960. 15785.

Beitrag zur Frage der Maisvorbereitung unter Berücksichtigung biologisch-chemischer Faktoren. Kähler, K.H. Getreide, Mehl, Brot 1. 24-27 (1947) - Ref. C. 1948. I. 1460.

Versuche zur Maisentkeimung. Cleve, H. Getreide, Mehl, Brot 1. 18-20 (1947) - Ref. C. 1948. I. 1365.

Entkeimen von Mais und gleichzeitige Stärkegewinnung. Mills, Allied Inc.Ind. übert. von: Singer, Ph.A. u. Deobald, H.J. A.P. 2 459 548 vom 6/12. 1944., ausg. 18/1. 1949. - Ref. C. 1950. I. 807.

Verfahren zur Herstellung von enthüllstem, entspritztem und entkeimtem Mais. Wagner, T.B. A.P. 2 284 239 vom 31/1. 1940, ausg. 26/5. 1942.

Gewinnung von Maiskeimen. Hildebrandt, P. D.R.P. 710 109 vom 23/12. 1939. Kl.50a., ausg. 4/9. 1941. - Ref. C. 1942. II. 553.

Entkeimungsapparat für Mais. Riemann, O. D.R.P. 558 292 Kl.89k vom 11/10. 1930., ausg. 5/9. 1932.

2443. Naßmahlung

Bemerkung über die Feuchtvermahlung von amylosereichem Mais, der Stärke mit 75 % Amylose enthält. Anderson, R.A. Cereal Chem. 39. 406-08 (1962) - Ref. C. 1964. 52-2765.

Einige Naßvermahlungseigenschaften von künstlich getrocknetem Mais. Watson, S.A. und Hirata, Y. Cereal Chem. 39. 35-44 (1962) - Ref. Stärke 15. 344 (1963) . C. 1964. 52-2764.

Über die Naßvermahlung von amylosereichem Mais mit 75% Amylose in der Stärke. Cereal Chem. 39. 406-08 (1962) - Ref. Stärke 15. 344 (1963).

Experimentelle Naßmahlung von amylosereichem Mais. Anderson, R.A. und Griffin, E.L. jun. Amer.Miller Processor 90. 10 -19 (1962).

Naßmahlung von hochamylosigem Mais, der Stärke mit einem Amylosegehalt von 66 bis 68 Prozent enthält. Anderson, R.A., Vojnovich, C. und Griffin, jr.E.L. Cereal Chem. 38. 84-93 (1961) - Ref.J. Chem.(russ.) 1961. 18 N313. C.A. 55. 11692c (1961). C. 1962. 1822. Stärke 14. 265 (1962).

Eine Notiz über den Einfluß der **Einweichzeit** auf die Naßmahlung von hochamylosigem Mais, der Stärke mit einem Amylosegehalt von 57 Prozent enthält. Anderson, R.A., Vojnovich, C. und Griffin, jr.E.L. Cereal Chem. 38. 94-97 (1961) - Ref.Chem.(russ.) 1961. 18 N314. C.A. 55. 11692d (1961). C. 1962. 1822. Stärke 14. 265 (1962).

Naßvermahlung von hochamylosigem Mais, enthaltend Stärke mit 49 und 57% Amylose. Anderson, R.A., Vojnovich, C. und Griffin, E.L. Cereal Chem. 37. 334-42 (1960) - Ref. C.A. 55. 27928h (1961). Stärke 13. 100 (1961). C. 1962. 2201.

Naßmahlung von Mais - Verfahren und Verlauf. Evans, J.W. Cereal Sci.today 5. 243-44 (1960).

Experimentelle Naßmahlung von hochamylosehaltigem Mais. Anderson, R.A. und Pfeifer, V.E. Cereal Chem. 36. 98-101 (1959) - Ref. C. 1959. 16811.

Korrosion bei der industriellen Mais-Naßvermahlung. Benes, R., Holsinger, F.J. und Pierson, R.E. Corrosion 15. 113t-16t (1959) - Ref. C.A. 53. 7940f (1959).

Neuerungen in der Mais-Naßmüllerei. Power, J.W., und Huehner, R.F. Food Engng. 31. 66-68,71 (1959) - Ref. Stärke 12. 93 (1960).

Über das Naß-Mahlen von Mais in der Industrie. Ruark, Robert G. Cereal Sci.today 3. 119-22 (1958).

Über die Verwendung landwirtschaftlicher Überschußprodukte unter besonderer Berücksichtigung des Naß-Vermahlens von Mais. Pryce, N.A.C. South African ind.Chemist 10. 125-27 (1956).

Eine Methode zur Bewertung der feuchten Vermahlung von eingeweichtem Mais und Sorghun. Watson, S.A. und Hirata, Y. Cereal Chem. 31. 423 (1954) - Ref. Stärke 7. 38 (1955).

Erstrangiger Betrieb für die Naßmahlung von Mais. Bishop, W. und Dustin, J. Food Ind. 23. Nr.3. 121-24 (1951).

Nasse Maismüllerei. Elder, A.L. Amer.Miller 77. 100 (1949).

Spezielle Fragen der Maismüllerei. Kühn, C. Getreide, Mehl, Brot 2. 1-4 (1948).

Maisverarbeitung. Rohrmann, O. Getreide, Mehl, Brot 1. 64-66 (1947) - Ref. C. 1948. I. 1365.

Wirkung von schwefliger Säure im Weichwasser bei der Naßvermahlung von Mais. Cox, M.J., MacMasters, M.M. und Hilbert, G.E. Cereal Chem. 21. 447-65 (1944).

Feuchtvermahlung von Mais. Pulfrey, A.L., Kerr, R.W. und Reintjes, H.R. Ind.Engng.Chem.,ind.Edit. 32. 1483-87 (1940) - Ref. C. 1942. I. 1822.

Naßmahlung von Mais. 1. Mitt. Rohstoffe und Produkte. Bartling, F.W. Amer.Miller 67. Nr.12. 26-27 (1939).

Naßmahlung von Mais - Lösliche Stärken und Dextrine. Govier, G.E. American Miller 67. Nr.4. 76, 78 (1939).

245. Trocknung und Nachbehandlung der Stärke

Ein pneumatischer Trockner für Maisstärke. Meschkow, I.I. Zucker-Ind. 35. Nr.11. 54-55 (1961) - Ref. Stärke 14. 228 (1962). Ref. J.Chem.(russ.) 1962. 11 N292.C. 1962. 17245.

Bleichen von gelbem Maismehl. Renner, H.O. A.P. 3 088 828 vom 23/6. 1959., ausg. 7/5. 1963. - Ref. C. 1965. 6-2886.

Heißlufttrocknung von Maisstärke. Meinhold, T.F. und Wagner, T. Chem.Processing 22. Nr.5. 28-29 (1959) - Ref. Stärke 11. 312 (1959).

Schnellumlauftrockner für Maisstärke. Ind.Engng.Chem. 44. 4, 13A (1952) - Ref. Stärke 4. 209 (1952).

Entfetten von Stärke. United States of America, übert. von: C.E. Rist, A.Davis und I.A. Wolff. A.P. 2 587 650 vom 25/7. 1950., ausg. 4/3. 1952. - Ref. Stärke 4. 227 (1952). C. 1954. 5643. C.A. 46. 227 (1952).

Entfettungsverfahren von Maisstärke. Kerr, R.W. Cereal Chem. 20. 299-301 (1943) - Ref. C.A. 37. 1265 (1943).

Verfahren zur Trocknung von Maisstärke und ähnlichen Stoffen. Proctor & Schwartz, Inc. (Erfinder: Tiers, L.P.) A.P. 2 327 943 vom 1/3. 1939., ausg. 24/8. 1943.

246. Maiskleber

(Auch Gewinnung von Zein. Vgl. auch "Gemeinsames zur Gewinnung von Getreidekleber, auch Glutaminsäure": 205)

Die Eiweißstoffe des Maiskornes und deren Veränderungen bei der Herstellung von Graupen und Malz. Lawrischtschewa, T.N., Malzew, P.M. und Welikaja, Je.I. Hochschulnachr.Nahrungsmittel-Technol. (russ.) 1965. Nr.4. 27-29. - Ref.J.Chem.(russ.) 1966. 3 R354.

Isolierung von Tyrosin und Leucin aus Maisgluten. Ivančenko, D., Zajac, P. und Oravcová, A. Chem.Zvesti 18. 148-51 (1964) - Ref. C. 1966. 15-1121.

Das Körnereiweiß von Sorten- und Hybridmais. Mikenas, G.Ss. Nachr. Landwirtsch.-Wiss.(russ.) 8. Nr.6. 48-54 (1963) - Ref. C. 1965. 22-1321.

Über die Verwendung von Bromphenolblau für die quantitative histochemische Bestimmung von Protein. 1.Mitt. Einfluß der Nucleinsäuren und des verwendeten Fixators auf die Bindung des Farbstoffes. Iwanow, W.B. Cytologie (russ.) 5. 112-16 (1963) - Ref. C. 1965. 38-1964.

Untersuchung der Proteine von Mais. 1.Mitt. Freie Aminosäuren in Maiskörnern. Iwanow, Tsch. und Gantschew, K. Annu.Inst.chim.-technol.(Sofia) 9. 215-21 (1962) - Ref. C. 1965. 45-1109.

Lokalisation der Amylase- und Invertase-Aktivität in den löslichen Proteinfraktionen von Maiskörnern. Alexandrescu, V. Studii Cercetări Biochim. (Bucureşti) 5. 399-407 (1962) - Ref. C. 1965. 38-1281.

Trennung von Proteinen aus dem Maisquellwasser durch Fällung. Abdel-Akher, M. und Michalinos, A.N. Stärke 14. 124-28 (1962) - Ref. J.Chem. 1962. 24 N472. C.A. 57. 4918i (1962). C. 1963. 13778.

Verfahren zur Gewinnung eines vitalen Mais- bzw. Reisklebers. Kornis, E. Oe.P. 244 125 Kl.53a vom 4/4. 1962., ausg. 10/12. 1965. - Ref. Stärke 18. 253 (1966).

Eine Methode zur quantitativen Bestimmung von Glutaminsäure in Futtermelasse. Barabanow, M.I. und Litwak, I.M. Arb.Kiewer technol. Inst.Lebensmittel-Ind.(russ.) 24. 18-21 (1961) - Ref.J.Chem. (russ.) 1962. 12 N310.

Ein Verfahren zur fließenden Sedimentation von Glutenwassern. Tamchyna, J. Tschechosl.P. 98 593 ausg. 15/2. 1961. - Ref.J. Chem.(russ.) 1962. 16 N303.

Ein Fermentverfahren zur Raffinierung von Maisgluten. Tamchyna, J., Matušík, A., Prvý, P. und Svoňava, M. Průmysl potravin 11. 354-56 (1960) - Ref.J.Chem.(russ.) 1961. 20 N220.

Zeingewinnung aus Nebenprodukten der Lebensmittelindustrie. Bocioagă, V. Lucrăile Inst.Cercetări aliment. (Arb.Nahrungsforsch.-Inst.) 1. 209-12 (1957) - Ref. C. 1958. 3468.

Proteinanreicherung von Maiskleber auf fermentativem und chemischem Wege. Lindemann, E. Stärke 7. 112-16 (1955) - Ref. C.A. 52. 16769h (1958).

Kontinuierliche Filtration von Maiskleber mit Rotationsfiltern. Schepman, B.A., Martin, B. und Dahlstrom, D.A. Chem.Engng. Progr. 52. 423-27 (1956) - Ref. C. 1960. 12870.

Neue Rohstoffe für die Herstellung von Eiweißhydrolysaten. Piekarz, J. Przemysł Spożywczy 9. 317-18 (1955) - Ref. C. 1958. 1720.

Die Gewinnung und Konzentration von hochprozentigem Maiskleber mittels Zentrifugal-Separatoren. Böyng, Aug. Stärke 7. 119-123 (1955) - Ref. C. 1956. 12415.

Experimentelle Herstellung von Maiseiweiß. Toth, Jeno. Yearbook Inst.Agr.Chem.Technol.,Univ.Tech.Sci.Budapest 1952. III-1954 VIII, 184-95. - Ref. C.A. 49. 14231g (1955).

Abtrennung von Maiskleber. Staley Mfg. Co., übert.von: Meyer, W.G. A.P. 2 631 111 vom 29/9. 1950., ausg. 10/3. 1953. - Ref. C.A. 47. 5578b (1953). Stärke 5. 225 (1953).

Reinigen von Maisprotein. American Maize-Products Co., übert. von: H.H. Schopmeyer. A.P. 2 479 519 vom 24/2. 1947., ausg. 16/8. 1949. - Ref. C. 1950. I. 1294.

Zein-Gewinnung aus Mais. Chem.Trade J.chem.Engr. 115. 155-56 (1944) - Ref. C. 1945. II. 739.

Gewinnung von Eiweiß. Hildebrandt, P. (Erfinder: W. Hoffmann) D.R.P. 725 466 Kl.89k vom 22/3. 1940., ausg. 23/9. 1942. - Ref. C. 1943. I. 107.

247 Nebenprodukte und Abwasserfragen

(Vgl. auch "Einweichen und Quellwasser": 2441. Keimöl vgl. auch "Entkeimen": 2442)

Vorversuche zur Aufarbeitung von Nebenprodukten der Maisstärkeindustrie. Hersiczky, A. und Simonyi, J.M. Stärke 17. 250-55 (1965).

Gewinnung von Vollölen aus Mais und Weizen. Ludwig, H. und Surek, K. D.P. (DDR) 32 770 Kl.23a vom 22/1. 1962., ausg. 26/7. 1965. (Wirtschaftspatent). Ref. C. 1966. 22-3052.

Fettsäurezusammensetzung von Öl aus beschädigtem Mais und Weizen. Baker, D. Cereal Chem. 39. 393-97 (1962) - Ref. C. 1964. 52-2737.

Die Abfälle der Maisstärkefabriken müssen besser ausgenützt werden. Shuschman, A.I. Zucker-Ind.(russ.) 36. Nr.11. 72-74 (1962). - Ref.J.Chem.(russ.) 1963. 8 R259. C. 1965. 39-2947.

Die Gewinnung von Salzen der Phytinsäure aus Maisextrakt. Kováč, J. Průmysl potravin 11. 381-83 (1960) - Ref.J.Chem.(russ.) 1961. 13 N449.

Zusammensetzung von Molekulardestillaten des Maiskeimöles: Isolierung und Identifizierung der Sterinester. Kuksis, A. und Beveridge, J.M.R. J.Lipid Res. 1. 311-20 (1960) - Ref. C. 1963. 16236.

Untersuchung der Abfallprodukte bei der Verarbeitung des Maiskornes. Dudkin, M.Ss. Hochschulnachr., Nahrungsmittel-Technol. (russ.) 1961. Nr.4. 39-43. - Ref. Stärke 14. 151 (1962). C. 1962. 18309.

Untersuchung der Abwässer der Maisstärkeproduktion. Zelinka, J., Pelcová, L. und Misecka, J. Biológia (Bratislava) 15. 94-102 (1960) - Ref. Stärke 13. 351 (1961) - Ref.J.Chem.(russ.) 1960. 94195.

Kraftfutterkomponenten aus der Maisstärkefabrikation. Dtsch. Müller-Ztg. 57. 494-95 (1959) - Ref. Stärke 12. 123 (1960).

Maisarin. Ein hochwertiges Nebenerzeugnis der Maisstärkefabrikation. Göbl, E. Kraftfutter 42. 142, 144 (1959) - Ref.J.Chem. (russ.) 1960. Nr. 6796.

Die technische Gewinnung von Maisextrakt. Bytschkow, B.K. Arb. zentr.wiss.Forsch.-Inst.Stärke- u. Stärkesirup-Ind.(russ.) 2. 23-46 (1955).

Gewinnung von Hemicellulose aus den bei der Stärkegewinnung anfallenden Maisfasern. National Starch Products, Inc., übert. von: M.W. Rutenberg u. W. Herbst. A.P. 2 801 955 vom 17/11. 1955., ausg. 6/8. 1957. - Ref. C. 1958. 6128.

Nutzbarmachung der Abfallpülpe von Maisstärkefabriken. Virag, I. Agrartudomany 2. 287-291 (1950) - Ref. Stärke 3. 269 (1951).

Industrieabfälle: Maisstärkeverfahren. Greenfield, R.E., Cormell, G.N. und Hatfield, W.D. Ind.Engng.Chem.,ind.Edit. 39. 383-89 (1947) - Ref. c. 1947. 1424.

Gewinnung von Maisstärke aus den kleberhaltigen Abläufen von den Stärketischen. International Patents Development Co. übert. von: H. Berlin A.P. 1 888 785 vom 19/7. 1929., ausg. 22/11. 1932. - Ref. C. 1933. I. 1037.

Hefeerzeugung aus den Abfällen der Maisstärkefabriken. Bobrik, J. Pischtsch.Prom.(russ.) 1928. 230-32.

Der Einfluß der Nebenprodukte auf die Entwicklung der Industrie der Maisprodukte. Humphrey, H.C. 8. Int.Congr.appl.Chem., Washington and New York, Orig.Commun. 13. 189-193 (1912) - W. Ref. 2317.

248. Betriebskontrollen und Eigenschaftsuntersuchungen

Wirkung der Wasserdampfaufnahme auf die Teilcheneigenschaften der Maisstärke. Czetsch-Lindenwald, H.V., Khawas, F.El und Tawashi, R. J.Soc.Cosmet.Chemists 16. 251-60 (1965) - Ref. C. 1966. 2-2628.

Refraktometrische Fettbestimmung im Maismehl. Gassanowa, L.Ss. und Kotscharjan, G.A. Brotbäckerei- u. Konditorei-Ind.(russ., 8. 4 (1964) - Ref. C. 1966. 15-2062.

Beitrag zur Ölbestimmung in Maiskörnern und -keimen. Stojsavljević, T. Tehnika (Beograd) 18. 738-40 (1963) - Ref. C. 1965. 7/8-2965.

<u>Prüfung von vier Jahre lang gelagertem Mais in Handelsbehältern.</u> Welty, R.E., Quasem, S.A. und Christensen, C.M. Cereal Chem. 40. 277-82 (1963) - Ref. C. 1964. 20-2815.

<u>Über die Veränderung der Viskosität der Maisstärke bei deren Trocknung im Vakuumtrockner.</u> Belogortzewa, M.W. und Bytschkow, B.K. Zucker-Ind.(russ.) 1963. Nr.8. 625-28. - Ref.J.Chem.(russ.) 1964. 7 R416.

<u>Ausbeute- und Qualitätsprobleme bei der Maisstärkegewinnung.</u> Kempf, W. und Tegge, G. Getreide- u. Mehl 12. 51-54 (1962).

<u>Präzisierung der Feuchtigkeitsbestimmung für Mais.</u> Dychne, F. und Shuk, N. Getreidemühlen- u. Getreidespeicher (russ.) 27. Nr.7. 10-11 (1961) - Ref. C. 1962. 16525.

<u>Beziehungen zwischen dem Reifegrad von Mais und der Festsubstanz und dem Stärkegehalt der Körner.</u> Walger, J., Svab, J., Thuranszky, A. und Gall, E. Agrokemia es Talajtan 10. 377-88 (1961) - Ref. C.A. 56. 12010h (1962).

<u>Der Einfluß der Begasung von Rohmais mit Phosphorwasserstoff auf die Ausbeuten und die Qualität der End- und Nebenprodukte.</u> Kempf, W. Stärke 13. 440-42 (1961) - Ref.J.Chem.(russ.) 1962. 16 N295. C. 1962. 17595.

<u>Die Abhängigkeit von Ausbeuten und Qualität der End- und Nebenprodukte vom Wassergehalt des Rohmaises.</u> Kempf. W. Stärke 13. 404-06 (1961) - Ref.J.Chem.(russ.) 1962. 11 N291 (1962). C. 1962. 13233.

<u>Die Eignung verschiedener Maissorten für die Stärkefabrikation.</u> Kempf, W. und Tegge, G. Stärke 13. 363-68 (1961) - Ref.J.Chem. (russ.) 1962. 11 N289. C. 1962. 12867.

<u>Beständigkeit und Bestimmung von Thiamin in einer Anreicherungsmischung für Maismehl.</u> Deutsch, M.J., Schiaffino, S.S. und Pillsbury, H.C. J.Assoc.off.agric.Chemists 43. 45-46 (1960). - Ref. C. 1962. 2941.

<u>Anforderungen an Mais als Rohstoff für die Herstellung von Stärkeprodukten.</u> Bytschkow, B.K. und Wostorgowa, Je.N. Mais (russ.) 5. Nr.10. 60-61 (1960) - Stärke 13. 353 (1961).

<u>Einfluß der γ-Strahlen von ^{60}Co auf einige physiologische Eigenschaften des Maiskorns bei der Lagerung.</u> Tschmir, A.D. Ukrain. biochem.J.(russ.) 31. 671-80 (1959) - Ref. C. 1960. 8555. Stärke 14. 69 (1962).

<u>Untersuchung der Trocknungsverhältnisse in Maissamenverarbeitungsbetrieben.</u> Ukolow, W. Getreidemühlen- u. Getreidespeicher-Ind. (russ.) 25. Nr.10. 14-16 (1959).

<u>Eine Studie über die Wirkung der Trocknungsbedingungen auf die Eignung von künstlich getrocknetem Mais nach dem Schälen für die Stärkeherstellung.</u> MacMasters, M.M., Finkner, M.D., Holzapfel, M.M., Ramser, J.H. und Dungan, G.H. Cereal Chem. 36. 247-60 (1959) - Ref. C.A. 53. 14558g (1959). C. 1960. 16282. Stärke 12. 316 (1960).

<u>Technologische Anforderungen an Mais.</u> Wostorgowa, Je.N. Zucker-Ind.(russ.) 33. Nr.10. 64-67 (1959) - Ref.J.Chem.(russ.) 1960. 40495. Stärke 13. 152 (1961).

Beurteilung der Eignung von sechs Maissorten für die Stärkeindustrie. Augustin-Bachmanowa, S. Godowla rosl.alkimat. i nasienn 3. Nr.2. 173-93 (1959) - Ref.J.Chem.(russ.) 1960. Nr. 28505.

Bemerkung über eine verbesserte Deutung des 2.3.5-Triphenyltetrazoliumchloridfarbtestes zur Beurteilung der Lebensfähigkeit von Mais als Maßstab für den Verarbeitungswert. Schenk, R.U., MacMasters, M.M. und Senti, F.R. Cereal Chem. 34. 69-70 (1957) - Ref. C. 1958. 3468.

Die Qualität von Maismehlen verschiedenen Ausmahlungsgrades. Ionescu, M.K. und Ivănescu, M.V.Comun.Acad.Republ.Populare romîne 6. 1205-10 (1956) - Ref. C. 1961. 16310.

Die Trocknung von Süßmais. 2.Mitt. Wirkung der Trocknungsbedingungen in der "falling rate"-Phase auf die Qualität. Garner, R.G. Nelson, A.I. und Howard, L.B. Food Technol. 9. 553-56 (1955) - Ref. C. 1958. 1448.

Die Trocknung von Süßmais. 1.Mitt. Die "falling-rate"-Phase. Garner, R.G., Nelson, A.I. und Howard, L.B. Food Technol. 9. 547-52 (1955) - Ref. C. 1958. 1448.

Der Einfluß der Maissorte und des Verarbeitungsprozesses auf die Qualität der Maisstärke. Lindemann, E. Stärke 6. 274-77 (1954) - Ref. C.A. 49. 8622i (1955).

Untersuchungen über die Eignung verschiedener Maissorten für die Stärkefabrikation. Pelshenke, P.F. und Lindemann, E. Stärke 6. 177-82 (1954) - Ref. C.A. 49. 2104g (1955). C. 1956. 8773.

Die Eignung deutscher Maissorten für die Stärkegewinnung. Lindemann, E. Züchter 25. 129-32 (1955) - Ref. C. 1956. 7677.

Wirkungen künstlicher Maiskorntrocknung. Gausman, H.W., Ramser, J.H., Dungan, G.H., Earle, F.R. MacMasters, M.M., Hall, H.H. und Baird, P.D. Plant Physiol. 27. 794-802 (1952) - Ref. C. 1956. 6827.

Stärketabellen für Maisstärke. Hönsch, W. Stärke 3. 282-283. (1951) - Ref. C.A. 46. 1277b (1952).

Untersuchungsergebnisse bei Maisprodukten. Pelshenke, P. Getreide, Mehl, Brot 1. 105-107 (1947) - Ref. C. 1948. I. 1460.

Beziehung zwischen Schimmelpilzen und Verfall von Mais bei der Lagerung. Ein Überblick. Semeniuk, G. und Gilman, J.C. Proc. Iowa Acad.Sci. 51. 265-280 (1944).

Ergebnisse der Untersuchungen über Maislagerung. Barre, H.J. Agric.Engng. 21. 219-22 (1940) - Ref. C. 1940. II. 2695.

Maisuntersuchung. Lampe, B. Z.Spiritusind. 51. 14 (1928).

Die von April bis September 1922 erledigten Analysenaufträge. Stirnus. Z.Spiritusind. 45. 339 (1922) - Ref. C. 1923. II. 413.

Vergleich der verschiedenen Maisstärkeprodukte mittels des Plastometers nach Binham-Grane. Porst, Chr.E.G. und Moskowitz, M. J.Ind.Engng.Chem. 14. 49-52 (1922) - Ref. C. 1922. II. 549.

Fabrikskontrolle bei der Herstellung von Maisstärke und Maissirup. Bryant, A.P. J.Ind.Engng.Chem. 8. 930-32 (1917) - Ref. C 1918. I. 678.

Eignet sich längere Zeit gelagerter Mais zur Stärkefabrikation. Z.Spiritusind. 22. 37 (1899) - W.Ref. 2054.

25. Reisstärke

250. Allgemeines
251. Das Reiskorn und seine Bestandteile
252. Fragen der Stärkegewinnung
253. Patente
254. Nebenprodukte

250. Allgemeines

Sortenunterschiede im physikochemischen Verhalten von Reisstärke und ihren Fraktionen. Reyes, A.C., Albano, E.L., Briones, V.P. und Juliano, B.O. J.agric.Food Chem. 13. 442-46 (1965) - Ref. C.A. 63. 13931f (1965).

Technologsiche und biochemische Eigenschaften nordkaukasischer Reissorten. Bubnowa, L.M., Iwanowskii, W.N., Kosmina, Je.P., Lasarew, W.N., Stepanowa, A.E., Schergin, N.P. und Schuchnow, A.F. Nachr.techn.ökonom.Inform.Wiss.-techn.Sammlung Fragen Lagerung u.Verarbeitung Getreide (russ.) 1964. Nr.10 27-30. - Ref. C.A. 63. 13932e (1965).

Biochemische Untersuchungen von Reisstärke. 24.Mitt. Amyloalkaliviskographie von kleberfreier Reisstärke. Kurasawa, H., Igaue, I. und Hayakawa, T. J.agric.chem.Soc.Japan 38. 173-77 (1964) - Ref. C. 1966. 18-3063.

Einfluß von Zeit, Stärke und Kalk auf die Umbildung von anorganischem Phosphor in einem überschwemmten Reisboden. Mandal, L.N. Soil Sci. 97. 127-32 (1964).

In Früh- und Spätkultur gewachsener Reis. 3.Mitt. Röntgenbeugung und blaue Färbung von nichtglutinousen Reisstärken. Suzuki, H., Mori, T., Doi, K. und Nikuni, Z. J.agric.chem.Soc.Japan 37. 112-15 (1963) - Ref. C.A. 62. 10824d (1965).

In Früh- und Spätkultur gewachsener Reis. 2.Mitt. Physikalische und chemische Eigenschaften von Kleb-Reis und dessen Stärken. Suzuki, H., Hizukuri, S. und Nikuni, Z. J.agric.chem.Soc. Japan 37. 63-66 (1963) - Ref. C.A. 62. 10824c (1965).

Qualitätsfaktoren bei Reis. 8.Mitt. Physikochemische Eigenschaften der Stärke und ihrer Fraktionen und ihre Veränderungen während der Alterung. Primo, E., Casas, A., Barber, S. und Barber, C.B.de. Rev.Agroquim.Tecnol.Alimentos 2. 343-53 (1962) - Ref. C. 1965. 14-2944.

Biochemische und Ernährungsuntersuchungen an Reis und Reisprodukten aus Ost-Pakistan. 2.Mitt. Unterschiedliche autoamylolytische Aktivität von vorgekochtem und ungekochtem Reis in Beziehung zum Lagerungs- und Kochverhalten. Qudrat-i-Khuda, M., De. H.N. und Debnath, J.C. Pakistan J.sci.ind.Res. 5. 247-50 (1962) - Ref. C.A. 59. 12083f (1963). C. 1965. 5-2967.

Vergleichende Untersuchungen der physikochemischen Eigenschaften von nativer Reisstärke und "Ponlai"-Reisstärke. Liau, Yun-Hau Acta chim.sinica Ser.II 9. 147-57 (1962) - Ref. C.A. 58. 12754a (1963).

Biochemische Untersuchungen von Reisstärke. 23.Mitt. Amyloviscographie in der Wärme von nichtverkleisterter Reisstärke. Kurasawa, H., Igaue, I. und Hayakawa, T. J.agric.chem.Soc.Japan 36. 953-57 (1962) - Ref. C. 1965. 9-2869.

Biochemische und Ernährungsuntersuchungen an Reis und Reisprodukten aus Ost-Pakistan. 1.Mitt. Verschiedene Untersuchungen über Größenveränderungen bei Paddyreis und Reis und mikrophotographische Untersuchungen über die Veränderungen der Stärkebestandteile durch das Vorkochen. Qudrat-i-Khuda, M., De, H.N. und Rahman, M. Pakistan J.sci.ind.Res. 5. 238-46 (1962) - Ref. C.A. 59. 12083e (1963). C. 1965. 5-2966.

Untersuchung über Getreidestärken. 4.Mitt. Über rheologische und chemische Eigenschaften einheimischer Reisstärken. Horiuchi, H., Chikubu, S. und Tani, T. J.agric.chem.Soc.Japan 35. 543-48 (1961) - Ref. C. 1965. 22-2949. C.A. 62. 11061g (1965).

Ergebnisse und Ziele der Reisforschung. Pelshenke, P.F. und Hampel, G. Getreide u. Mehl 10. 133-37 (1960) - Ref. C. 1961. 8869.

Terminologie und Bewertung von Reis. Hampel, G. Mühle 96. 176-77 u. 190-91 (1959) -Ref. C. 1961. 15961.

Reisstärke. Vanossi, L. Il riso (Milano) 1955. 17-18.

Stärke von Oryza sativa L.japonica und Oryza sativa L. indica. 1.Mitt. Vergleich einiger Kenneigenschaften beider Stärkearten. Fukuba, H. J.agric.chem.Soc.Japan 28. 38-41 (1954) - Ref. C.A. 49. 9946f (1955). C. 1956. 11303.

Stärke von Oryza sativa L.japonica und Oryza sativa L.indica. 3. Mitt. Stärke von Reis Rikuu Nr. 132. Fukuba, H. J.agric. chem.Soc.Japan 28. 453-56 (1954) - Ref. C.A. 49. 9947a (1955).

Studien über Reisstärke. Sato, S. Taigado Pub.Co. 1944. 12 S.

Reisstärkefabrikation. Gelatine, Leim, Klebstoffe 3. 168-71 (1935).

Biochemische Studien über Reisstärke. Yukitomo, T. J.chem.Soc. Japan 52. 878-82 (1931) - Ref. C.A. 26. 5123 (1932).

Reisstärke und Weizenstärke des D.A.B. 6. Frerichs, G. Apotheker-Ztg. 43. 543 (1928) - Ref. C. 1928. I. 2975.

Die Entwicklung der deutschen Reisstärke-Industrie. Borght, H. van der Verlag F.Siemenroth, Berlin 1918. 91 S.

Zur Lage in der deutschen Reisstärke-Industrie. Z.Spiritusind. 34. 569-70 (1911).

251. Das Reiskorn und seine Bestandteile

Anwendung der Fällungsreaktion als ein Indikator der Qualität von poliertem Reis. Nava, F.J. Ciencia (Mexico) 23. 171-74 (1964). - Ref. C.A. 62. 15342c (1965).

Über die Fett-Konstituenten in Reisstärke. Fujii, T., Oba, K. und Takaoka, K. J.technol.Soc.Starch 11. 12-14 (1964) - Ref.J.Chem. (russ.) 1966. 2 R363.

Der Einfluß der Verarbeitungsbedingungen auf das Braunwerden von "parboiled" Reis. Jayanarayanan, E.K. Nahrung 8. 129-37 (1964) - Ref. C.A. 60. 16413f (1964).

Dämpfen von Reis. 5.Mitt. Das Eindringen von Kondenswasser während des Dämpfens von Reis. Akiyama, H. und Yamamoto, T. J.Soc.Brewing Japan 58. 319-25 (1963) - Ref. C.A. 61. 6345d (1964).

Organische Säuren von Reis und einigen anderen Getreidesamen. Houston, D.F., Hill, B.E., Garrett, V.H. und Kester, E.B. J. agric.Food Chem. 11. 512-17 (1963) - Ref. C. 1965. 21-2916.

Das Kochverhalten von Lang- und Kurzkornreis im Verhältnis zur Amylograph-Charakteristik. Refai, F.Y. und Ahmad, J.A. Getreide u. Mehl 11. 21-24 (1961).

Histologie und Histochemie von rohen und gekochten Reiskörnern. Little, R.R. und Dawson, E.H. Food Res. 25. 611-22 (1960) - Ref. C. 1961. 16689.

Biochemische Untersuchungen über Reisstärke. 10.Mitt. Chemische Eigenschaften von schlecht absetzenden Stärken. Kurasawa, H., Igaue, I. und Hayakawa, T. J.agric.chem.Soc. 34. 299-303 (1960) - Ref. C. 1961. 15952.

Biochemische Untersuchungen über Reisstärke. 9.Mitt. Chemische Eigenschaften von aus verschiedenen Sorten gewonnenen Reisstärken. Kurasawa, H., Igaue, I. und Hayakawa, T. J.agric.chem.Soc.Japan 34. 295-99 (1960) - Ref. C. 1961. 15952.

Beziehung und Wirkung enzymatischer und physikalischer Veränderungen während des Lagerns auf die Kocheigenschaften von Reis. Desikachar, H.S.R. und Subrahmanyan, V. Cereal Chem. 37. 1-8 (1960).

Biologische Wertigkeit von Reiseiweiß-Fraktionen. Lindner, K., Jaschik, S. und Korpáczy, I. Elelmiszervizsgálati Közlemények (Lebensmittelanalyt.Mitt.) 6. 97-100 (1960) - Ref. C. 1963. 13397.

Durch Wachstumsmethoden für die frühen und späten Jahreszeiten aufgezogener Reis. 1.Mitt. Physikalische und chemische Eigenschaften von kleberfreiem Reis und seinen Stärken. Suzuki, H., Chikubu, S. und Tani, T. J.agric.chem.Soc.Japan 33. 275-80 (1959) - Ref. C.A. 54. 9140d (1960), C. 1964. 37-2752.

Über sortenmäßige Unterschiede in dem Gewebe der Stärkezellen des Reiskorns. Nagato, K. und Kobayashi, Y. Proc.Crop Sci.Soc.Japan 27. 443-45 (1959).

Untersuchungen über die in den Geweben der Reispflanze enthaltene Stärke. 6.Mitt. Über die Streckung der oberen Lateralknospen. Sato, K. Proc.Crop Sci.Soc.Japan 28. 30-32 (1959).

Biochemische Untersuchungen über Reisstärke. 4.Mitt. Zuckerphosphat, Monosaccharide und Oligosaccharide im Reissamen im milchigen Stadium. Kurasawa, H., Igaue, I., Hayakawa, T. und Ogami, H. J. agric.chem.Soc.Japan 33. 388-92 (1959) - Ref. C.A. 54. 9005d (1960). C. 1961. 10619.

Ökologische Studien an in früher oder später Jahreszeit aufwachsenden Reispflanzen. 3.u.4.Mitt. Über das Wachstum von früh angebauten Reispflanzen in verschiedenen Gegenden des Bezirkes Chiba. Hayshi, M., Konaka, N. und Igarashi, G. Proc.Crop.Sci.Soc.Japan 27. 435-37 (1959).

Studien an Reiskörnern mit milchig-weißem Inneren. 2.Mitt. Über die physikalischen Eigenschaften des Inneren. Nagato, K. und Ebata, M. Proc.Crop.Sci.Soc.Japan 28. 46-50 (1959).

Eigenschaften von Lysolecithin in Reiskörnern. 1.Mitt. Lysolecithin als Bestandteil von kleberfreien Reiskörnern. Nakamura, A., Kono, T. und Funahashi, S. Bull.agric.chem.Soc.Japan 22. 320-24 (1958) - Ref. Stärke 12. 373 (1960). C.A. 53. 10404h (1959).

Studien an Reiskörnern mit milchig-weißem Innern. 1.Mitt. Über das Vorkommen der Milchigkeit. Nagato, K. und Ebata, M. Proc.Crop. Sci.Soc.Japan 27. 49-51 (1958).

Analyse der ertragsbestimmenden Entwicklungsfaktoren und ihre Anwendung zur Ertragsvorhersage und Kulturverbesserung bei Sumpfreis. 48. Mitt. Untersuchungen über den Mechanismus des Reifens (9). Beziehung des %-Anteiles gereifter Körner und des Körnertrages zu der Zeit des Rispenschiebens gespeicherten Kohlenhydratmenge, zu der nach dem Rispenschieben gespeicherten Kohlenhydratmenge und dem Stickstoffgehalt zum Rispenschieben. Matsushima, S. und Wada, G. Proc.Crop.Sci.Soc.Japan 27. 201-03 (1958).

Physiologische und ökologische Studien an Reispflanzen von gut und schlecht entwässerten Feldern. 4.Mitt. Durch Düngung hervorgerufene Unterschiede in der Qualität und der Reife von Reiskörnern. Kido, M., Yanatori, S. und Oritani, T. Proc.Crop.Sci.Soc. Japan 27. 161-62 (1958).

Enzymatischer Prozess bei importiertem (Ost-Asien) Reis. 2.Mitt. Methode des Kochens von enzymatisch behandeltem, importiertem Reis und Verwendung desselben. Tokaoka, K., Ishibashi, F., Fujimoto, S. und Kozai, M. J.Fermentat.Technol.(Japan) 35. 4-9 (1957) - Ref. C.A. 51. 16993c (1957).

Veränderungen von Reis beim Lagern, die zu besseren Kocheigenschaften führen. Desikachar, H.S.R. Cereal Chem. 33. 324-28 (1956).

Der Proteingehalt von australischem Reis. Wills, P.A. und Wilson, W. Austral.J.Sci. 18. 161-62 (1956) - Ref. C. 1958. 1884.

Änderung des Nährwertes von rohem Reis während der Verarbeitung. Bendová, K. Chem.Zvesti 9. 177-87 (1955) - Ref. C. 1959. 16185.

Einfluß der Höhe der Stickstoffdüngung auf die Zusammensetzung der Reispflanze. Murayama, J.T., Murayama, N., Oshima, M., Yoshino, M., Yanagisawa, M., Kono, M. u. Tsukahara, S. Bull.nat.Inst. agric.Sci. (Tokyo) Ser.B. 1955. 85-122. - Ref. C. 1957. 8849.

Wirkung der Lagerung auf die chemische Zusammensetzung von geschältem, halbgemahlenem und gemahlenem Reis. Rao, M.N., Viswanatha, T., Mathur, P.B. Swaminathan, M. u. Subrahmanyan, V. J.Sci. Food Agric. 5. 405-09 (1954) - Ref. C. 1950/54. 2164 S.

Einfluß der Behandlungsweise auf Volumenausdehnung, Farbe und Stärkelöslichkeit von dampfbehandeltem Reis. Roberts, R.L., Potter, A.L., Kester, E.B. u. Keneaster, K.K. Cereal Chem. 31. 121-29 (1954) - Ref. C.A. 48. 6610b (1954).

Physikalisch-chemische Untersuchung von Reisstärke. I. Die Beziehungen zwischen der Reife von ungeschälten Reiskörnern und den physikalisch-chemischen Eigenschaften ihrer Stärken. Ueda, S., Shimizu, A. und Ota, I. Bull.Fac.Agric., Mie Univ. 6. 7-13 (1953) - Ref. C.A. 49. 7877f (1955).

Physikalisch-chemische Untersuchung von Reisstärke. II. Die physikalisch-chemischen Unterschiede von ungeschältem Reis in den Sorten Oryzae sativa japonica und indica. Ueda, S., Shimizu, A. und Ota, T. Bull.Fac.Agric.Mie Univ. 7. 1-4 (1953) - Ref. C.A. 49. 12866i (1955).

Notiz über die Bestimmung der Verkleisterungstemperaturen von Reissorten. Halick, J.V. Beachell, H.M., Stansel, J.W. und Kramer, H.H. Cereal Chem. 37. 670-72 (1960) - Ref. C. 1961. 14860.

Bemerkungen über die Zucker des Reiskornes. Williams, K.T. und Bevenue, A. Cereal Chem. 3. 267-69 (1953) - Ref. Stärke 5. 277 (1953).

Ernährungsforschungen über Reis. Food 21. 218-20 (1952) - Ref. C. 1955. 7106.

Amylose- und Amylopektingehalt in Reis und ihr Einfluß auf sein Verhalten beim Kochen. Rao, B.S., Murthy, A.R.V. und Subrahmanya, R.S. Proc.Indian Acad.Sci., Sect. B. 36. 70-80 (1952) - Ref. Stärke 5. 226 (1953). C. 1954. 9881. C.A. 47. 4514f (1953).

Änderung des Säuregrades und Stärkegehaltes von Reiskörnern während bakterieller Zerstörung. Ghosh, J.J. Sci.and Cult. 17. 484-85 (1952) - Ref. C. 1953. 2535. C.A. 48. 2838e (1954).

Verfahren zur Herstellung von schnell kochbarem Reis. Ataullah Khan Ozai-Durrani, D.B.P. 902 815 Kl.53k vom 16/2. 1951, ausg. 28/1. 1954. - Ref. Stärke 6. 257 (1954).

Lipoidgehalt von Reiskleie. Jurgens, Julian F. und Hoffpauir, C.L. J.Amer.Oil Chemists' Soc. 28. 23-24 (1951) - Ref. C. 1951. II. 838.

Erhaltung des Vitamingehaltes bei der Aufbereitung von rohem Reis. Fernandes, D.S. A.P. 2 592 407 vom 29/3. 1950, ausg. 8/4. 1952. Holl.Prior. 9/9. 1948. - Ref. C. 1953. 5431.

Reis. Sanjiva Rao, B. Sci. and Cult. 13. Nr.8. Suppl. 2. (1948).

Die Lagerung von Reis. Panikkar, M.R. Sci. and Cult. 13. Nr.2. 59-66 (1947).

Getrockneter gekochter Reis. Nikuni, Z., Ygyu, H.A. und Kamaguchi, T. Inst.Sci.ind.Res.Osaka Univ. 5. 151-54 (1947) - Ref. C.A. 46. 7666f (1952).

Untersuchungen über die Qualität von Reis. 2.Mitt. Chemische Zusammensetzung von Reissorten. Sadasivan, V. und Sreenivasan, A. Indian J.agric.Sci. 8. 807-18 (1938).

Zusammensetzung von Klebreis. Koolhaas, D.R. Z.Unters.Lebensmittel 71. 38-44 (1936) - Ref. C. 1936. I. 3419.

Eine biochemische Untersuchung über die Stärken von alten und frischen Körnern verschiedener Reissorten. Sahasrabuddhe, D.L. und Kibe, M.M. Indian J.agric.Sci. 5. 12-38. (1935) - Ref. C. 1935. II. 3850.

Philippinische Reis-Mühlen-Produkte mit besonderer Berücksichtigung des Nährwertes und der Erhaltung der Reiskleie. West, A.P. und Cruz, A.O. Philippine J.Sci. 52. 1-78 (1933).

Morphologie der Blüte und des reifen Korns von philippinischem Reis. Santos, J.K. Philippine J.Sci. 52. 475-503 (1933).

Bakterien in Verbindung mit Reis und anderen Getreidearten. Fowler, G.J., und Sen, D.L. J.Indian Inst.Sci. 4. 119-147 (1921) - W. Ref. 2350.

Chinesischer Reis. Browne, F. Pharmac.J. 14. 276 (1902).

252. Fragen der Stärkegewinnung

Die Abtrennung von Reisstärkekörnern unter Anwendung von Ultraschall. Horiuchi, H. und Tani, T. J.agric.chem.Soc. Japan 38. Nr.1. 23-27 (1964) - Ref.J.Chem.(russ.) 1965. 10 R359. C.A. 62. 13362g (1965).

Gewinnung von Reisstärke. Shuschman, A.I. Zucker-Ind.(russ.) 35. Nr.12. 53-56 (1961) - Ref. C.A. 56. 13147c (1962). Stärke 14. 387 (1962) - Ref.J.Chem.(russ.) 1962. 12 N318. C. 1963. 1487.

Die Gewinnung von Stärke aus Bruchreis. Anzaldo, F.E., Cruz, A.O. und Borlaza, F.C. Philippine J.Sci. 90.347-50 (1961) - Ref.J. Chem.(russ.) 1963. 4 R256. C.1963. 5681.

Technologie von Reis. Ohler, H. Current Sci. 17. 13-15 (1948) - Ref. C. 1949. I. 939.

Reisbehandlung vor der Vermahlung. Rice Growers Association of California, übert. von: W.W.Jones u.G.W.Brewer. A.P. 2 515 409 vom 16/4. 1945., ausg. 18/7. 1950. - Ref. C. 1951. I. 1542.

Die Herstellung von Stärke und Dextrin aus Bruchreis. Aiyar, S.P. Dep.Agric.Burma.,Bull. Nr. 33. 1-5 (1937) - Ref. C. 1937. II. 4251.

Die Fabrikation der Reisstärke. Williams, A.E. Ind.Chemist chem. Manufacturer 6. 387-92. (1930) - Ref. C. 1931. I. 1028.

Die Herstellung von Stärke aus Reis. Wise, F.B. Associated Rice Miller's, Bull's eye 1. Nr.11, 18-20 (1921) - W.Ref. 2356, C.A. 16. 1516 (1922).

Fortschritte in der Fabrikation von Reisstärke. Schreib, H. Chemiker-Ztg. 34. 522-523 (1910) - W.Ref. 2311.

Verwendung der Elektrolyse zur Fabrikation von Stärkemehl und stärkemehlhaltigen Stoffen. Leconte, E. Elektrochem.Z. 11. 113-115 (1904-05) - W.Ref. 2293, C. 1904. II. 1076.

Fortschritte in der Fabrikation der Reisstärke. Hanemann, L. Chemiker-Ztg. 21. 982-984 (1897) - W.Ref. 2273.

Über die Fortschritte in der Fabrikation der Reisstärke. Hanemann, L. Chemiker-Ztg. 19. 921-924 (1895) - W.Ref. 2267.

Zur Fabrikation von Reisstärke. Berger, J. Chemiker-Ztg. 15. 843-844 (1891) - W.Ref. 2249.

Die Fabrikation von Reisstärke. Berger, J. Chemiker-Ztg. 14. 1440, 1557-1558, 1571-1574 (1890) - W.Ref. 2240.

Reisstärkefabrikation. (Auszug). Uhland, W.H. Wagner's Jber.chem. Technol. 29. 670-671 (1883) - W.Ref. 2215.

Die Fabrikation der Reisstärke. Salomon, F. Chemiker-Ztg. 4. 581-583 (1880) - W.Ref. 2209.

Der neueste Standpunct der Reisstärke-Fabrication. Adlung, M. Dtsch. Industrie-Ztg. 1876. 142-144, 294-296. - W.Ref. 2204.

253. Patente

Herstellung von Stärke aus Reis. Wulkan, G. It.P. 337 934 vom 2/1. 1936. - Ref. C. 1937. I. 3883.

Extraktion, Gewinnung von Stärke und Proteinen aus Reis. Jaschke, O. A.P. 1 681 118 vom 4/4. 1925., ausg. 14/8. 1928. - Ref. C. 1928. II. 2081.

Herstellung von Reisstärke, welche besonders für die Fabrikation von Glucose geeignet ist. Kautz, H. und Societa Anonima Prodotti Industriali Schwz.P. 115 305 vom 1/8. 1925, ausg. 16/6. 1926. - Ref. C. 1926. II. 2754.

Herstellung von Reisstärke. Schlüter, E. F.P. 577 517 vom 21/2. 1924, ausg. 6/9. 1924. - Ref. C. 1925. I. 1821.

Herstellung von Reisstärke. Reckitt and Sons, Ltd, und Hardy, C.H. E.P. 147 255, vom 7/5. 1919.

Verfahren zur Herstellung von Stärke, besonders Reisstärke mittelst Alkalilaugen und des elektrischen Stroms. Leconte, E. & Co. Elektro-Suciero. D.R.P. 127 723 Kl.89k vom 8/2. 1901., ausg. 20/2. 1902. - Ref. C. 1902. I. 612.

Neuerung bei der Fabrikation von Stärke aus Körnerfrüchten, insbesondere Reis. Stoltenhoff, R. D.R.P. 46 618 Kl.89 vom 8/5. 1888.

Verfahren und Apparat zum Weichen von Reis behufs Herstellung von Stärke. Ulmer Reisstärke-Fabrik (Heinrich Mach) D.R.P. 30 256 Kl.89k vom 26/6. 1884, ausg. 17/1. 1885.

254. Nebenprodukte

Vorschlag zur Klassifizierung und Handelsbewertung der wichtigeren Nebenprodukte der Reisverarbeitung. Borasio, L. Risicoltura 36. Nr.1/2. 1-15 (1948) - Ref. C. 1948. E. 2537.

Gewinnung von Reiskleber. Hoffmann's Stärkefabriken A.-G. (Erfinder: R.Krecke) D.B.P. 868 104 Kl.53i vom 5/12. 1940, ausg. 23/2. 1953. Zusatz zu D.R.P. 739 002; - Ref. C. 1953. 5431.

Gewinnung von Reiskleber. Hoffmann's Stärkefabriken A.-G. (Erfinder: R.Krecke) D.R.P.739 002 Kl.53i vom 12/7. 1938, ausg. 8/9. 1943. - Ref. C. 1943. II. 2021.

Verwendung von Reis und seinen Nebenprodukten. Bull.Imp.Inst. 16. 16-24 (1918) - Ref. W.Ref. 2125.

26. Hirsestärke

260. Allgemeines
261. Das Hirsekorn und seine Bestandteile
262. Fragen der Stärkegewinnung

260. Allgemeines

(Sorghumstärke, Milostärke, Mohrenhirsestärke, Rispenhirsestärke, Kolbenhirsestärke)

Untersuchungen über die Rhizosphärenmikroflora von Sorghum in Verbindung mit dem Cyanwasserstoffsäure-Gehalt der Wurzeln. Rangaswami, G. und Balasubramanian, A. Canad.J.Microbiol. 9. 719-25 (1963) - Ref. C. 1965. 11-1461.

Wirtschaftlichkeit der Anpflanzung und industriellen Verarbeitung der süßen Hirse. Bártfay, J., Bruch, I. und Morvay, J. Növénytermelés (Pflanzenbau) 12. 217-22 (1963) - Ref. C. 1965. 37-3022.

Gegenwärtige Bedeutung und Perspektiven der Verwendung von Sorghum. Rubinschtein, M.Ja. Zucker-Ind.(russ.) 34. Nr.3. 58-60 (1960) - Ref. Stärke 13. 190 (1961).

Die gegenwärtige Bedeutung und aussichtsreiche Zukunft von Sorghumkörnern. Watson, S.A. Cereal Sci.today 4. 230-33 (1959) - Ref. Stärke 13. 189 (1961).

Milocorn - seine Herkunft, Eigenschaften und Verwendung. Lindemann, E. Getreide u. Mehl 1. 12-14 (1951).

Über die verschiedenen Sorghumvarietäten und die Eigenschaften der daraus gewinnbaren Stärken. Lindemann, E. Stärke 3. 55-58 (1951) - Ref. C. 1951. II. 2958.

Milo. Isely, C.C. Food Ind. 21. 7,53 (1949) - Ref. Stärke 2. 236. (1950).

Stärke und Zucker aus Milomais. Taylor, R.L. Chem.Industries 64. 932-935 (1949) - Ref. Stärke 4. 269 (1952) - C.A. 46. 3783g (1952).

Analyse der industriellen Anwendungsmöglichkeiten für Sorghum. Kummerow, J.A., Barham, H.N. und King, H.H. Amer.Miller Processor 75. 94-95, 143 (1947).

Untersuchung über Sorghum und Sorghumstärke. Horan, F.E. und Heider, S. Cereal Chem. 23. 492-503 (1946) - Ref. Stärke 2. 22 (1950).

Sorghum. Hanck, A. Monthly Bull.agric.Sci.Pract. 31. 331-40, 382-91, 407-25. 32. 1-16 (1941) - Ref. C. 1941. I. 2601.

Gelieren und Krystallisieren von Sirupen,die aus verschiedenen Teilen des Sorgostengels in verschiedenen Reifestadien hergestellt wurden. Ventre, Emil, K., Byall, S. und Walton jr. C.F. J. agric.Res. 59. 139-50 (1939) - Ref. C. 1939. II. 3498.

Stärke in Sorghumsirup. Willaman, J.J. und Davison, F.R. Ind. Engng.Chem. 16. 609-610 (1924) - W.Ref. 1922.

Das Gelieren von Sorghumsirup. - Wirkung der Malzdiastase auf die Filtrierung des Sorghumsaftes. Sherwood, S.F. Ind.Engng.Chem. 15. 780-782 (1923) - W.Ref. 1918.

Verwendungsmöglichkeiten für Hirse (Sorghum halepense). Pantanelli, E. Staz.sperim.agrar.ital. 52. 405-15 (1919) - W.Ref. 2135, C.A. 15. 906 (1921).

Sorghumstärken. Francis, C.K. und Smith, O.C. Oklahoma agric. Exp.Stat., Bull. 110. 38 S. (1916) - W.Ref. 2113, C.A. 11. 545 (1917).

261. Das Hirsekorn und seine Bestandteile

Der Gehalt an chemischen und essentiellen Aminosäuren der Körner von 25 Arten Sorghum. Bressani, R. und Rios, B.J. Cereal Chem. 39. 50-57 (1962) - Ref. C. 1965. 37-1376.

Entwicklung der Caryopse des Sorghumkornes. II. Veränderungen der chemischen Zusammensetzung. Kersting, J.F., Pauli, A.W. und Stickler, F.C. Agronomy J. 53. 74-77 (1961) - Ref. C.A. 55. 14601g (1961) -C. 1962. 9773.

Der Blausäuregehalt in grünen Sorghumpflanzen. Orlow, W.M. Tierzucht (russ.) 22. Nr.5. 55-56. (1960) - Ref. C. 1961. 12305.

Chemische Zusammensetzung und Nährwert von Jowar (Kaffernhirse - Sorghum vulgare) und Jowar-Kost. Kurien, P.P., Rao, M.N., Swaminathan, M. und Subramayan, V. Food Sci. (Mysore) 9. 205-10 (1960).

Korn der Mohrenhirse. Die löslichen Zucker. Nordin, P. Trans.Kansas Acad.Sci. 62. 212-15 (1959).

Der Einfluß der Bewässerung auf die chemische Zusammensetzung von Fuchsschwanzhirse-Samen. Jakowenko, W.A. und Daniltschuk, P.W. Biochemie d. Getreides (russ.) 1958. Nr.4. 128-31. - Ref. C.A. 53. 631h (1959).

Die biochemische Charakteristik der kasachischen Hirse. Darkanbajew, T.B. und Achmetowa, N.Ja. Nachr.Akad.Wiss.Kasach SSR (russ.) 13. Nr.10. 58-71 (1957) - Ref. C. 1958. 7621.

Peripheral gelagerte Zellen von Endospermen der Sorghum- und Maiskörner und ihr Einfluß auf die Stärkereinigung. Watson, S.A., Sanders, E.H., Wakely, R.D. und Williams, C.B. Cereal Chem. 32. 165-82 (1955) - Ref. C.A. 49. 10647i (1955). C. 1958. 576.

Untersuchung über die Veränderung des Fettgehaltes von Milo- und Maiskeimen während der Lagerung. Lindemann, E. Stärke 5. 139-143 (1953) - Ref. C. 1954. 2077.

Ergebnisse über Lagerungsversuche mit Sorghum. Sorensen, J.W. und Davenport, M.G. Agric.Engng. 33. 220 (1952) - Ref. Stärke 6. 197 (1954).

Zusammensetzung der Körner von Sorghum. Hubbard, J.E., Hall, H.H. und Earle, F.R. Cereal Chem. 27. 415-20. (1950) - Ref. C. 1951. I. 2232.

Die chemische Zusammensetzung einiger Sorghumkörner und die Eigenschaften ihrer Stärken. Ein Vergleich zwischen glutinösen und nicht-glutinösen Sorghumkörnern und ihren Stärken. Barham, H.N., Wagoner, J.A., Campbell, C.L. und Harclerode, E.H. Agric.Exp. Stat.Kansas State Coll.Techn.Bull. Nr. 61. 1946.

Die Zusammensetzung des Hirsekornöls. Andropogon Sorghum var. vulgaris. Kummerow, F.A. Oil and Soap 23. 167-170 (1946).

Chemische Untersuchungen über Zuckerhirse. Emiliani, E. Ric.sci. Progr. tecn.Econ.naz. 10. 1131-36. (1939) - Ref. C. 1940. II. 1664.

Chemische und biologische Untersuchung neuerdings in Italien eingeführter Sorghumsorten. Parisi, E. Ind.saccarif.ital. 32. [illegible]-42 (1939) - Ref. C. 1939. I. 3275.

Untersuchungen über "Kaoliang" als Rohstoff für Stärkegewinnung, Mahlerzeugnisse und "Ame"-Herstellung. II. Die alkohollöslichen Proteine von Kleber- und gewöhnlichem Kaoliang. Ninomiya, M. und Yamamoto, R. J.agric.chem.Soc.Japan 12. 10-11 (1936) - Ref. C. 1936. II. 2815.

Untersuchung über "Kaoliang" als Rohstoff für Stärkegewinnung, Mahlerzeugnisse und "Ame"-Herstellung. I. Die Verteilung der Bestandteile in "Kaoliang"-Körnern. Yamamoto, R. J.agric.chem. Soc.Japan 12. 10-11 (1936) - Ref. C. 1936. II. 2815.

Anatomie der Kultur-Varietäten der Hirse. Winton, A.L. Z.Unters. Nahrungs- u. Genußmittel 6. 337-45 (1903).

Mikroskopische und chemische Untersuchung von Durra (Sorghum cernuum). Tortelli, M. Ann.Labor.chim. Centr.Gabelli 1891/92, 277 - W.Ref. 2045.

Über die Zusammensetzung der Klebhirse (Panicum miliaceum var. Bretschneideri Kcke). Beutell, A. und Dafert, F.W. Chemiker-Ztg. 11. 136 (1887) - W.Ref. 1880, C. 1887. 245.

262 Fragen der Stärkegewinnung

Herstellung von Wachs-Sorghumstärke in Australien. Knight, J.W. Chem.and Ind. 1962. 1820-21. - Ref.J.Chem.(russ.) 1963. 8 R260.

Versuchsweise Feuchtvermahlung von Sorghumgrießen. Anderson, R.A. Trans.Amer.Assoc.Cereal Chemists 13. 241-48 (1955) - Ref. C. 1958. 4645.

Über Eigenschaften von naß gemahlenen Sorghumkörnern. Watson, S.A. und Hirata, Y. Agronomy J. 47. 11-15 (1955).

Naßmahlung von Sorghumkörnern. Zipf, R.L., Anderson, R.A. und Slotter, R.L. Cereal Chem. 27. 463-76 (1950).

Stärkegewinnung aus Sorghum (Milocorn). Food Ind. 22. 9, 105 (1950) - Ref. Stärke 2. 283 (1950).

Herstellung und Eigenschaften von Milostärke. Lindemann, E. Stärke 2. 81-83 (1950) - Ref. C. 1951. I. 1238.

Untersuchungen über Stärkearten aus einheimischen Körnern und Knollen. II. Hirsestärke. Gupta, Das H.P. J.Indian Inst.Sci.Ser. A. 19. 19-26 (1936) - Ref. C. 1936. II. 1076.

Die Herstellung von Sorghumstärke. Chan-Keng Kao. J.chem.Engng. China 2. 133-36. (1935) - Ref. C. 1936. I. 3927.

Verfahren der Verarbeitung von Sorghumarten auf weiße Stärke und Nebenprodukte. Dobrin, C. D.R.P. 94 954 Kl.89k vom 29/1. 1896, ausg. 6/11. 1897. - Ref. C. 1898. I. 592.

27. Maniokastärke

270. Allgemeines
271. Die Maniokawurzel und ihre Bestandteile
272. Fragen der Stärkegewinnung
273. Betriebskontrollen und Eigenschaftsuntersuchungen

270. Allgemeines

(Tapioka-, Manihot-, Cassava- oder Yuccastärke, Brasilianisches-, Para- oder Bahia- Arrowroot)

Stärkerohstoffe in den Commonwealth Ländern. 3.Mitt. Cassawe. Chadha, Y.R. Trop.Sci. 3. 101-113 (1961) - Ref.J.Chem.(russ.) 1962. 14 N337.

Tapioca als eine Alkoholquelle. Krishnamurti, B.G. Current Sci. (Bangelore) 29. 346-48 (1960) - Ref. C. 1963. 15634.

Cassavestärke. Sills, V.E. Colony Fiji, agric.J. 29. 16-18 (1959) - Ref. C.A. 54. 8123e (1960).

Bau und Einrichtung einer modernen Maniokastärkefabrik. Schmiedel, L. Stärke 11. 271-76 (1959) - Ref. C. 1960. 7027.

Entwicklung und derzeitiger Stand der Tapioca-Stärke-Industrie in Thailand. Schaller, R. Stärke 9. 132-33 (1957) - Ref. C.A. 52. 5864g (1958).

Die Tapiokastärke, ihr Gewinnung und Verwendung. Kosack, H. Stärke 8. 37-39 (1956).

Das Tapiokawurzelmehl, seine Herkunft, Eigenschaften und Verwendung als Nahrungs- und Futtermittel. Upmann, W. Müllerei 7. 249-50 (1954) - Ref. C. 1954. 10613.

Zwei wichtige überseeische Stärkearten. Fackler, A. Mikrokosmos 43. 40-41 (1953) - Ref. C. 1954. 5871.

Die Maniokastärke-Industrie in Brasilien und ihre Entwicklungsmöglichkeiten im Staate Rio Grande do Sul. Gutheil, N.C. Stärke 4. 282-89 (1952).

Pflanzliche und tierische Produkte. Nigerische Cassava-Stärke. Furlong, J.R. Bull.Imp.Inst. 40. 257-71 (1942) - Ref. C. 1946. II. 1925.

Das Mandiokamehl, seine Herstellung und Verwendung. Kühlhorn,Friedrich. Mühle 78. 317-18. (1941) - Ref. C. 1941. II. 826.

Die Mandioca, Ihre Industrialisierung. Ruben Decartes de G.Paula u. Jose Luiz Rangel. Minist.Trabalho.Ind.Commerc.,Inst.nac. Technol. 1940. 60 Seiten. 4 Tafeln. - Ref. C. 1941. I. 1486.

Untersuchungen über Stärkearten aus einheimischen Körnern und Knollen. IV. Cassavastärke. Gupta, Das H.P. J.Indian Inst.Sci.Ser. A. 19. 31-34, 35-36, 37-43. (1936) - Ref. C. 1936. II. 1808.

Eine Tapiokastärke liefernde Art der Yuccapflanze. Chemiker-Ztg. 56. 695 (1932).

Das Wachstum der Cassave und die Stärkegewinnung daraus. Mendiola, Nemesio B. Philippine Agriculturist 20. 447-76. (1931) - Ref. C. 1932. I. 1726.

Studien über Maniok. Laer, M.van Annales Zymol. (Bruxelles) (2) 1. 30-34 (1931) - Ref. C. 1933. I. 2755.

Über Maniokmehl. Grimme, C. Z.Unters.Nahrungs- u.Genußmittel 41. 172-175 (1921) - W.Ref. 2144, C. 1921. IV. 526.

Kassava-Stärke und ihre Verwendung. Everington. Seifensieder-Ztg. 47. 171 (1920).

Kassave als Rohstoff für industrielle Stärke und Alkohol. Bull. Imp.Inst. 17. 571-578 (1919) - W.Ref. 2132, C.A. 14. 2837 (1920).

Tapiokastärke aus Rhodesien. Bull.Imp.Inst. 15. 180-182 (1917) - W.Ref. 2117.

Tapioka (cassava) -mehl und -stärke. Bull.Imp.Inst. 10. 562-565 (1912) - W.Ref. 2097, C.A. 7. 2074 (1913).

Kassavestärke von den Fidschi-Inseln. Bull.Imp.Inst. 7. 271-272 (1909) - W.Ref. 2081.

Kassawe, ein Rohmaterial zur Herstellung von Stärke, Glucose und industriellem Alkohol. (Auszug). Moore, C.C. Proc. 7th int. Congr.appl.Chem.London 1909. Sect. 6a. 20. - W.Ref. 2083.

Manioka oder Cassave. Copeland, E.B. Phillipine agric.Rev. 1. 139-156 (1908).

Kassave, ein Konkurrent des Mais bei der Herstellung von Stärke und Stärkeprodukten. Archbold, G. J.Soc.chem.Ind. 22. 63-66 (1903) - W.Ref. 2058, C. 1903. I. 740.

Einige Erzeugnisse von Kassave. Ewell, E.E. und Wiley, H.W. Amer. chem.J. 15. 285-89 (1893).- W.Ref. 2044.

271. Die Maniokawurzel und ihre Bestandteile

Die Giftigkeit der Cassavawurzel (Manihot utilissima. Pohl). Bolhuis, G.G. Netherl.J.agric.Sci. 2. 176-85 (1954) - Ref. C. 1955. 6112.

Kaltlagerung von Tapiokawurzeln. Singh, K.K. und Mathur, P.B. Bull.centr.Food technol.Res.Inst.,Mysore 2. 181 (1954) - Ref. Stärke 6. 231 (1954).

Extraktion der Stickstoffsubstanz des Manioks. Bigwood, E.J., Adriaens, E.L. und Médard, O. Arch.int.Physiol. 60. 206-07 (1952) - Ref. C. 1955. 3271.

Chemische Veränderungen während der Lagerung von Wurzeln und Knollen. Czyhrinciw, N. und Jaffé, W. Arch.venezolanos Nutric. 2. 49-67 (1951) - Ref. C. 1953. 8736.

Bemerkung über die Giftigkeit und die Bearbeitung des Maniok von Belgisch-Kongo. Adriaens, L. Bull.agric.Congo belge 33. 332-51. (1942) - Ref. C. 1943. II. 381.

Die Kultur des Manioks, seine Krankheiten und Schädlinge im Litoral des Staates St.Catharina (Brasilien) Springensguth, W. Tropenpflanzer 43. 286-306. Sept.(1940.)- Ref. C. 1940. II. 3248.

Über die chemische Zusammensetzung der Maniokawurzel. Eckhard, W. Z.Spiritusind. 50. 23 (1927).

Die Eigenschaften von Kassave und ihr Gehalt an Cyanwasserstoffsäure und Stärke. Moore, C.C. U.S.Bur.Chem., Bull. Nr. 106. (1907) - W.Ref. 2069, C.A. 2. 154 (1908).

272. Fragen der Stärkegewinnung

Herstellung und Eigenschaften von Yuca-Stärke. Honsch, W.M. Stärke. 18. 20-22 (1966).

Erfahrungen in der thailändischen Tapiocastärke und Tapiocamehlindustrie. Schmidt, H.D. Stärke 17. 351-54 (1965).

Fermentation von Kassave (Manihot utilissima). Akinrele, I.A. J.Sci.Food Agric. 15. 589-94 (1964) - Ref. C. 1965. 30-3003.

Gewinnung von Stärke aus stärkehaltigem Material, insbesondere Tapiocawurzeln. Corn Products Co. (Erfinder: Meisel, H.) A.P. 3 072 501 ausg. 8/1. 1963. - Ref. C.A. (M.) 58. 7022c (1963). Ref.J.Chem.(russ.) 1964. 23 R302.

Eine Zweiphasen-Fermentation von Cassava. Collard, P. und Levi, S. Nature (London) 183. 620-21 (1959) - Ref. C. 1960. 10088.

Verhinderung der Gärung in Absetzbehältern der Sagoindustrie. Lewis, Y.S. und Johar, D.S. Food Sci. (India) 7. 285 (1958) - Ref. C. 1960. 16616.

Gewinnung von Stärke aus Tapiokafasern. Subrahmanyan, V., Rao, M. N., Rao, G.R. und Swaminathan, M. Bull.centr.Food technol. Res.Inst.,Mysore 5. 80-81 (1956) - Ref. C. 1957. 13830.

Maniokawurzelverarbeitung. Füllgrabe, A. Stärke 8. 27-37 (1956) - Ref. C.A. 51. 1632h (1957). C. 1957. 6301.

Der Einfluß hoher Trocknungstemperaturen auf die physikalischen und chemischen Eigenschaften von Cassavastärke. Acena, B. Stärke 8. 135-39 (1956) - Ref. C.A. 51. 3166d (1957). C. 1958. 576.

Neuzeitliche Technik der Stärkefabrikation aus Maniok. Serra, P.G. Rev.brasil.Quim. 39. 85-90 (1955) - Ref. C. 1956. 8228.

Trennen von Stärke durch Ausschwämmen. Gill, K.S. und Kincl, F.A. J.Sci.Ind.Res.,India 13 B. 96-99 (1954) - Ref. C.A. 48. 12438i (1954). C. 1950/54. 5041 S.

Stärke. Council of Scientific and Industrial Research. Ind.P. 48 640 vom 28/7. 1954. - Ref. Stärke 7. 10 (1955) . C.A. 49. 654d (1955).

Die Gewinnung von Maniokastärke in Kartoffelstärkefabriken. Neumayer, P. Stärke 5. 113-15 (1953) - Ref. C. 1953. 8732.

Verbesserung der Tapioka-Herstellung in Brasilien. Weiss, H. Stärke 4. 223-225 (1952).

Stärkemehl aus Maniok. Beck, H. Rev.Quim.ind. 20. Nr.227. 17-18 u. Nr. 229. 14-17 (1951) - Ref. C. 1950/54. 1343 S.

Mehl aus Tapiokawurzeln. Verma, N.P. Indian Food Packer 5. 13 (1951) - Ref. Stärke 6. 232 (1954).

Herstellung von Cassavastärke. Frank, A. Rev. brasil.Chim. 10. 120 (1940).

Chemische Studien über Kassavaprodukte. I. Die kritische Schimmelfeuchtigkeit von Kassavastärke. Etorma, S.B. Philppine J. Agric. 7. 409-12. (1936) - Ref. C. 1939. I. 3812.

Stärke aus trockenen Tapiokawurzeln. Heltne, Laurits, Pedersen, Norwegen F.P. 815 186 vom 18/12. 1936., ausg. 7/7. 1937. Holl. Prior. 30/12. 1935. - Ref. C. 1937. II. 3681.

Verfahren und Einrichtung für die Herstellung von Stärke aus getrockneten, vor dem Einweichen zerkleinerten Kassavawurzeln. Heltne, L.P. Holl.P. 42 981 Kl.89k vom 30/12. 1935., ausg. 15/4. 1938.

Herstellung von Stärke aus Maniokawurzeln oder ähnlichen Rohmaterialien. Société industrielle de Landrecies und Mariller, Ch. D.R.P. 533 309 Kl.89k vom 3/1. 1928., ausg. 11/9. 1931. F. Prior. 20/1. 1927.

Die Herstellung von Stärke aus Kassawa. Wiley, H.W. Z.Spiritusind. 50. 230-31, 238-39 (1927) - Ref. C. 1927. II. 1764.

Verfahren zur Behandlung von Kassava und Kassavaprodukten. Moore, Ch.C. A.P. 1 016 762 vom 7/5. 1910., ausg. 6/2. 1912.

Verfahren zur Herstellung von Stärke und Glucose. Moore, Ch.C. A.P. 1 016 761 vom 16/4. 1909., ausg. 6/2. 1912.

Die Maniokfrage in Frankreich. Wagner, I.Ph. Z.Spiritusind. 31. 491-92 (1908).

Eine biologische Herstellungsmethode von Kassavamehl. Kruijff, E. de. Teysmannia (Batavia) 17. 503-08 (1906) - W.Ref. 2297.

273. Betriebskontrollen und Eigenschaftsuntersuchungen

Physikalische und chemische Eigenschaften der in Taiwan hergestellten Stärken. 1.Mitt. Physikalische Eigenschaften von Cassava- und Batatenstärke. Hsieh, Pe-Tung. Chemistry (China) 1961. 231-37. - Ref. C.A. 58. 3589h (1963).

Untersuchung über Mandioca-Mehl. Maravalhas, N. Rev.Quim.ind. 33. Nr. 353. 13-18 (1961) - Ref. C.A. 56. 15898f (1962). C. 1964. 29-2595.

Eßbare Tapiokastärke. Indischer Standard 1319 (1958) - Ref.J.Chem. (russ.) 1960. 28514.

Zur Beurteilung von Tapiokastärke. Kaufman, C.W. Food Ind. 22. 4, 49-50 (1950) - Ref. Stärke 2. 283. (1950).

Analytische Daten von "Tapiocas". Vignoli, L. Congr.Manioc Marseille 1949. 81-83 (vom 24-26.9.).

Die Auswertung von Cassavastärke. Sinnenprüfung und analytische Proben. Furlong, J.R. Chem.Trade J.chem.Engr. 112. 165-66. (1943) - Ref. C. 1943. II. 379.

Zur Bestimmung der Stärke in Manihotmehl. Riechelmann. Z.öffentl. Chem. 27. 5 (1921) - Ref. C. 1921. II. 752.

28. Batatenstärke

280. Allgemeines
281. Die Batate und ihre Bestandteile
282. Fragen der Stärkegewinnung
283. Betriebskontrollen und Eigenschaftsuntersuchungen

280. Allgemeines
(Süßkartoffelstärke)

Biochemische Untersuchungen über das Wachstum von Süßkartoffeln. Suzuki, S., Arai, K., Suzuki, H. und Utaka, K. J.technol.Soc. Starch (Japan) 12. 61-68 (1965).

Einfluß der während des Wachstums herrschenden Bodentemperatur auf die Eigenschaften der Stärke der Batate. Nikuni, Z., Hizukuri, S., Fujii, M., Doi, K., Hasegawa, H., Moriwaki, T., Nara, S. und Maeda, I. J.agric.chem.Soc.Japan 37. 673-76 (1963) - Ref. J.Chem.(russ.) 1965. 12-R334. C. 1965. 17-2840.

Der Einfluß des Abwassers von Batatenstärke-Fabriken auf das Wasser des Sakai-Flusses im Bezirk Aichi. Kayano, H. und Goto, F. J.technol.Soc.Starch (Japan) 10. 162-67 (1963).

Gegenwart und Zukunft in der Züchtung von Süßkartoffeln. Onoda, M. J.technol.Soc.Starch (Japan) 7. 139-43 (1960) - Ref.J.Chem. (russ.) 1962. 2 N372.

Versuche über das Wachstum von Bataten. Sakai, K. und Marunine, M. J.technol.Soc.Starch (Japan) 8. 39-47 (1960).

Untersuchungen über die physiologische Natur von Süßkartoffelpflanzen. 12.Mitt. Über das physiologische Verhalten der Wurzeln bei der Knollenbildung. Naka, J. und Tamaki, K. Proc. Crop Sci.Soc.Japan 28. 124-25 (1959).

Der Elektroenergie-Bedarf einiger Batatenstärke-Fabriken. Hidaka, T. und Aramaki, K. J.technol.Soc.Starch (Japan) 7. 71-74 (1959) - Ref.J.Chem.(russ.) 1962. 2 N378.

Über die Probleme der Stärkeherstellung in Japan. 1. Süßkartoffeln als Rohmaterial 2. Zerkleinern. 3. Sieben. 4. Fällung und Trennung. 5. Qualität, Anwendung und Wirtschaftlichkeit der Stärken. 6. Trocknen. 7. Bessere Qualität von Stärke für die Herstellung von Stärkesirup und Glucose. J.technol.Soc.Starch (Japan) 7. 2-43 (1959).

Über die Süßkartoffel als Rohmaterial zur Stärkeherstellung. Kondo, G. J.technol.Soc.Starch (Japan) 7. 84-88 (1959).

Die Wirkung der Varietät auf Ertrag und Vitamingehalt von Süßkartoffeln. Massey, P.H. jun., Eheart, J.F., Young, R.W. und Camper, H.M. Proc.Amer.Soc.horticult.Sci. 69. 431-35 (1957) - Ref. C. 1962, 7575.

Einige Angaben zur Biochemie der Batate. Gerschtein, L.A. Biochem. Früchte Gemüse, Akad.Wiss.UdSSR, Inst.Biochem.(russ.) 1955. Nr.3. 145-62.

Einige für die Stärkeherstellung geeignete Süßkartoffel-Sorten. Abiko, K. J.technol.Soc.Starch (Japan) 1. Nr.2. 1-5 (1953)

Ernährungsversuche mit Protein, gewonnen aus den Abwässern bei der Stärkegewinnung von Süß-Kartoffeln. Sato, K. und Yamazaki, A. J.technol.Soc.Starch (Japan) 1. 39-40 (1953) – Ref. C.A. 49. 9946e (1955).

Die Süßkartoffel unter dem Gesichtspunkt der Rationalisierung in der Stärkeindustrie. Nakamura, M. J.technol.Soc.Starch (Japan) 2. 64-65 (1954).

Fortschrittsberichte über Süß-Kartoffelstärke und ihre Verwendung. Barham, H.N. Agric.Exp.Sta.,Manhattan, Kansas 1947. 1226 Biol. Abstr. 21, Kansas State Hort.Soc., Bienn.Rept 48. 84.(1946.)

Die Erzeugung von Bataten-Stärke in den Vereinigten-Staaten. Chemiker-Ztg. 63. 372-73 (1939).

Lagertemperatur in Beziehung zur Lagerqualität von drei Batatensorten. Cordner, H.B. Proc.Amer.Soc.horticult.Sci. 36. 569-71 (1939) - Ref. C. 1940. II. 2695.

Bataten als Rohmaterial. Paine, H.S., Thurber, F.H., Balch, R.T. u. Richee, W.R. Chem.metallurg.Engng. 46. 69-71. Febr.(1939). - Ref. C. 1939. II. 543.

Herstellung von Batatenstärken in den Vereinigten Staaten. Paine, H.S., Thurber, F.H., Balch, R.T. u. Richee, W.R. Ind.Engng. Chem. 30. 1331-48. Dez.(1938.) - Ref. C. 1939. I. 2316.

281. Die Batate und ihre Bestandteile

Aminosäuregehalt von pflanzlichen Nahrungsmitteln. 4.Mitt. Aminosäuren in Süßkartoffeln und Kartoffeln. Taira, H. und Taira, H. Rep.Food Res.Inst. (Tokyo) Nr. 18. 251-52 (1964) - Ref. C. 1966. 11-3229.

Organische Bestandteile von Lebensmitteln. 3.Mitt. Süßkartoffel. Crosby, D.G. J.Food Sci. 29. 287-93 (1964) - Ref. C. 1966. 4-3063.

Beziehung von Pektinstoffen zur Festigkeit behandelter Süßkartoffeln. Baumgardner, R.A. und Scott, L.E. Proc.Amer.Soc.horticult.Sci. 83. 629-40 (1963) - Ref. C.1966. 18-3070.

Einige Einflüsse der Varietät, des Konservierens und des Backens von Bataten auf den Kohlenhydratgehalt. Hammett, H.L. und Barrentine, B.F. Proc.Amer.Soc.horticult.Sci. 78. 421-26 (1961) - Ref. C.A.56. 13307f (1962). C. 1964. 25/26-2771.

Änderungen der chemischen und physikalischen Eigenschaften der Stärke in der Wurzelknolle der Süßkartoffel beim Dämpfen. 2. Mitt. Kawai, K., Arima, T. und Ueyama, K. J.Fermentat.Technol. (Japan) 38. 153-57 (1960) - Ref. C.A. 55. 8692g (1961). Stärke 13. 271 (1961).

Einfluß der Sorte, des Einlegens und der Verarbeitung auf den Kohlenhydratgehalt vorgekochter, gefrorener Süßkartoffeln. Hoover, M.W. und Pope, D.T. Food Technol. 14. 227-30 (1960).

Herkunft von Unreinheiten in der Süßkartoffelstärke. 3.Mitt. Beziehung zwischen den chemischen Komponenten verschiedener Süßkartoffelarten zum Weißheitsgrad von Stärke. Yamamura, E., Kono, T. und Nakamura, H. J.technol.Soc.Starch (Japan) 6. 105-08 (1959) - Ref. C.A. 57. 6191f (1962). Stärke 14. 437 (1962).

Untersuchungen über die physiologische Natur von Süßkartoffelpflanzen. 11.Mitt. Über die Veränderungen der chemischen Bestandteile in den verschiedenen Abschnitten der keimenden Knolle während der Lagerungszeit. Naka, J., und Tamaki, K. Proc.Crop Sci.Soc. Japan 27. 305-306 (1958).

Pektinbestandteile der fleischigen Wurzel der süßen Kartoffel. Ahmed, E.M. und Scott, L.E. Proc.Amer.Soc.horticult.Sci. 71. 376-87 (1958).

Untersuchungen an carotinreichen Süßkartoffeln. 3.Mitt. Extraktionsmethode für Carotin aus Süßkartoffeln. Matuzawa, K., Innami, S. und Kuga, T. Japan.J.Nutrit. 16. 149-52 (1958) - Ref. C. 1962. 6244.

Untersuchungen an carotinreichen Süßkartoffeln. 2.Mitt. Allgemeine Bestandteile und ihre Veränderungen während der Lagerung. Matuzawa, K., Innami, S. und Kuga, T. Japan.J.Nutrit. 16. 145-48 (1958) - Ref. C. 1962. 6244.

Der Einfluß von Konditionierung, Backzeit und Temperaturen auf die Kohlenhydrate in Bataten. Jenkins, W.F. und Gieger, M. Proc. Amer.Soc.horticult.Sci. 70. 419-24 (1957) - Ref. C. 1961. 18165.

Einfluß von Zeit und Bemusterungsverfahren auf Kohlehydrate und Ascorbinsäure in Süßkartoffeln. Jenkins, W.F. und Moore, E.L. Proc.Amer.Soc.horticult.Sci. 67. 490-92 (1956) - Ref. C. 1958. 877.

Veränderungen der Kohlenhydrate in Bataten während der Konditionierung und Lagerung. Scott, L.E. und Matthews, W.A. Proc.Amer. Soc.horticult.Sci. 70. 407-18 (1957) - Ref. C. 1961. 18164.

Veränderungen des Stärke- und Zuckergehalts von Bataten während der Lagerung in großen Mengen. Vorläufige Mitteilung. Suzuki, S., Tamura, T., Hirohata, T., Nemoto, Y. und Arai, K. J.technol. Soc.Starch (Japan) 4. 46-49 (1956) - Ref. C.A. 56. 15715c (1962).

Eigenschaften der Polyphenolasen, die die Verfärbung von Süßkartoffeln bei der Verarbeitung verursachen. Arthur jr. J.C. und McLemore, T.A. J.agric.Food Chem. 4. 553-55 (1956) - Ref. C. 1958. 8211.

Veränderungen der hauptsächlichsten Komponenten in Süßkartoffelpflanzen während der Wachstumsperiode. Togari, Y. und Shirawasa, Y. Proc.Crop Sci.Soc.Japan 24. 99-102 (1955) - Ref. C.A. 51. 14018b (1957).

Kohlenhydratveränderung während der Lagerung und des Kochens von süßen Kartoffeln. Sistrunk, W.A., Miller, J.L. und Johnes, L.G. Food Technology 8. 223-26 (1954) - Ref. Stärke 7. 222 (1955).

Über die Zusammensetzung der Batate (Süßkartoffel). Pentz, L. Élelmezési Ipar (Verpflegungs-Ind.) 7. 267-70 (1953) - Ref. C. 1956. 3719.

Einfluß der Lagertemperatur auf den Gehalt an Carotin, Gesamtcarotinoiden und Ascorbinsäure von Süßkartoffeln. Ezell, B.D. und Wilcox, M.S. Plant Physiol. 27. 81-94 (1952) - Ref. C. 1953. 7573.

ß-Carotin aus Bataten (sweet potatoes). Sherman, W. und Koehn, C.J. Ind. Engng.Chem. 40. 1445-1448 (1948) - Ref. C. 1948. E. 3135.

Zur biochemischen Untersuchung von Bataten auf der Halbinsel Apscheron. Ssalkowa, A.K. Soviet Subtropics (russ.) 1940. Nr.9. 51-53 - Ref. C. 1941. I. 1620.

282. Fragen der Stärkegewinnung

Das Verhalten organischer Säure bei der Heißlufttrocknung von Süßkartoffelstärke. Hidaka, T., Kanamaru, K. und Utsumi, T. J. technol.Soc.Starch (Japan) 12. 95-100 (1965).

Abtrennung und Reinigung von Stärke. 4.Mitt. Fe-Gehalt mit verschiedenen Fe-Salzen behandelter Stärken und ihre Amylogramme. Suzuki, S. und Arai, K. Rep.Food Res.Inst. (Tokyo) Nr. 18. 294-99 (1964) - Ref. C. 1966. 21-3219.

Einfluß der Lufttemperatur bei der Schnelltrocknung auf die Beschädigung von Batatenstärke. Goto, F., Nara, S., Maeda, I. und Fukushima, H. J.technol.Soc.Starch (Japan) 12. 22-27 (1964) - Ref.J.Chem.(russ.) 1966. 2 R362.

Hitze-Feuchtigkeitsbehandlung von Süßkartoffelstärke. Fukui, T. und Nikuni, Z. J.agric.chem.Soc.Japan 38. 226-30 (1964) - Ref. J.Chem.(russ.) 1965. 14 R301. C.A. 62. 13361h (1965). C. 1966. 13-3076.

Weißgrad von Stärke. 14.Mitt. Einfluß von Fe-Salzen auf den Weißgrad von Süßkartoffelstärke. Suzuki, S. und Arai, K. Rep.Food Res.Inst. (Tokyo) Nr. 18. 290-93 (1964). C. 1966. 19-3187.

Die Verwertung von Nebenprodukten bei der Herstellung von Batatenstärke. 2.Mitt. Kultur von Bäckerhefe in Abwasser. Takakuwa, M. und Tanaka, T. J.technol.Soc.Starch (Japan) 11. 20-25 (1964).

Die Verwertung von Nebenprodukten bei der Herstellung von Batatenstärke. 1.Mitt. Takakuwa, M. und Shirato, M. J.technol.Soc. Starch (Japan) 10. 168-172 (1963) - Ref.J.Chem.(russ.) 1965. 12 R333.

Die Reinigung der Stärke mit Waschzentrifugen. Goto, F., Suzuki, T., Sujimoto, K., Uno, S. und Fukushima, H. J.technol.Soc. Starch (Japan) 10. Nr.2. 84-92 (1963) - Ref.J.Chem.(russ.) 1963. 22 R319.

Reinigung von Stärke unter Anwendung von oberflächenaktiven Stoffen. Fujii, T., Oba, K. und Tomiyama, S. J.technol.Soc.Starch (Japan) 10. 128-35 (1963) - Ref.J.Chem. (russ.) 1964. 3 R309.

Die Reinigung von Stärke durch oberflächenaktive Stoffe. 13.Mitt. Der Einfluß von hydrolysiertem Fett und von oberflächenaktiven Stoffen auf die physikalischen Eigenschaften der Stärke. Fujii, T. und Oba, K. J.Ferment.Technol. 40. 596-602 (1962) - Ref.J. Chem.(russ.) 1963. 19 R280. C.A. 62. 14915h (1965).

Die Reinigung von Stärke durch oberflächenaktive Stoffe. 12.Mitt. Fettstoffe in der Stärke der Batate und die Entfernung des hydrolysierten Fettes durch oberflächenaktive Stoffe. Fujii, T. und Oba, K. J.Ferment.Technol. 40. 390-95 (1962) - Ref.J.Chem. (russ.) 1963. 19 R279. C.A. 62. 5472f (1965).

Die Reinigung von Stärke durch oberflächenaktive Stoffe. 11.Mitt. Der Mechanismus der Verhütung des Verderbens von roher Stärke auf dem Wege der Verwendung von Natrium-Dodecylbenzolsulfonat. 2.Mitt. Die bakterizide Wirkung von Natrium-Dodecylbenzolsulfonat gegenüber Clostridium butyricum. Fujii, T. und Oba, K. J.agric.chem.Soc.Japan 36. 735-38 (1962) - Ref.J.Chem.(russ.) 1963. 14 R259. C.A. 62. 4202b (1965).

Die Reinigung von Stärke durch oberflächenaktive Stoffe. 10.Mitt. Der Mechanismus der Verhütung des Verderbens von roher Stärke auf dem Wege der Verwendung von Natrium-Dodecylbenzolsulfonat. 1.Mitt. Die Mikroflora der Kartoffelstärke und die hauptsächlichste sie schädigenden Mikroorganismen. Fujii, T. und Oba, K. J.agric.chem.Soc.Japan 36. 728-34 (1962) - Ref.J.Chem.(russ.) 1963. 14 R258. C.A. 62. 4201h (1965). C. 1965. 10-2758.

Die Reinigung der Stärke durch oberflächenaktive Stoffe und ihr Einfluß auf α-,ß- und γ-Amylase. Fujii, T., Oba, K. und Imojama, S. J.Japan.Soc.Food Nutrit 15. 334-37 (1962) - Ref.J. Chem.(russ.) 1963. 23 R301.

Untersuchungen über die Trennung und Reinigung von Stärke. 4.Mitt. Suzuki, S. und Arai, K. J.technol.Soc.Starch (Japan) 10. 33-38 (1962) - Ref.J.Chem.(russ.) 1963. 11 R250.

Eine Methode zur Gewinnung von Stärke. Fujii, T., Fukuba, Ch. und Tomijama, S. Japan.P. 8529 (62') ausg. 18/7. 1962. - Ref.J. Chem.(russ.) 1964. 4 R350.

Eine Methode zur Gewinnung von Stärke. Fujii, T., Fukuba, Ch. und Tomijama, S. Japan P. 8528 ('62) ausg. 18/7. 1962. - Ref.J. Chem.(russ.) 1964. 4 R349.

Stärkegewinnung. Stamicarbon, N.V. Port.P. 38 107 vom 23/2. 1961., ausg. 26/4. 1961. Holl.Prior. 25/2. 1960. - Ref. C. 1963. 5291.

Herstellung von Bataten-Stärke. Takei, M. J.technol.Soc.Starch (Japan) 8. 109-54 (1961) - Ref. C.A. 57. 8785h (1962).

Lagerung von Rohstärke aus zerkleinerten Bataten. 3.Mitt. Fukuda, N. und Maezawa, T. J.technol.Soc.Starch (Japan) 9. 57-60 (1961) - Ref. C.A. 57. 8784h (1962). Stärke 14. 439 (1962).

Untersuchung der Lagerung von Rohstärke aus Bataten. 3.Mitt. Untersuchung im halbtechnischen Maßstabe der Lagerung von Rohstärke aus Bataten mit einem Zusatz einer organischen Verbindung des Zinn. Higassi, S. und Kanno, T. J.Fermentat.Technol.(Japan) 39. 502-10 (1961) - Ref.J.Chem.(russ.) 1962. 18 N282.

Untersuchung der Lagerung von Rohstärke aus Bataten. 2.Mitt. Die Wirkung einer organischen Verbindung des Zinn auf die Lagerung von Rohstärke aus Bataten. Higassi, S. und Kanno, T. J.Fermentat.Technol.(Japan) 39. 494-501 (1961) - Ref.J.Chem.(russ.) 1962. 18 N282.

Untersuchung der Lagerung von Rohstärke aus Bataten. 1.Mitt. Die Wirkung von Chlortetracyclin auf die Lagerung von Rohstärke der Batate. Higassi, S. und Kanno, T. J.Fermentat.Technol.(Japan) 39. 487-94 (1961) - Ref.J.Chem.(russ.) 1962. 18 N282. C.A. 59. 1827h (1963).

Die Lagerung von Bataten-Stärke. 3.Mitt. Lagerung von roher Naßstärke. Fukuda, T. und Maezawa, T. J.technol.Soc.Starch (Japan) 9. 57-60 (1961) - Ref.J.Chem.(russ.) 1963. 3 R263.

Die Lagerung von Süßkartoffelstärke. 2.Mitt. Fukuda, N. und Maezawa, T. J.technol.Soc.Starch (Japan) 8. 83-86 (1961) - Ref.J. Chem.(russ.) 1962. 7 N314. Stärke 14. 439 (1962). C.A. 57. 8784g (1962).

Die Reinigung von Stärke durch oberflächenaktive Verbindungen. Fujii, T. Chem.and chem.Ind. (Tokyo) 14. 1128-34 (1961) - Ref. J.Chem.(russ.) 1962. 13 N327.

Weißgehalt von mit oberflächenaktiven Stoffen behandelter Stärke. Fujii, T. und Tomiyama, S. J.agric.chem.Soc.Japan 34. 990-94 (1960) - Ref.J.Chem.(russ.) 1961. 20 N218. Stärke 14. 438 (1962) C.A. 58. 3590f (1963).

Die Reinigung von Batatenstärke. Yamamura, E. J.technol.Soc.Starch (Japan) 8. 17-21 (1960) - Ref.J.Chem.(russ.) 1961. 22 N257. C.A. 57. 8785b (1962).

Bataten-Stärke als Rohmaterial für Stärke-Sirup. Yoritomi, K. J.technol.Soc.Starch (Japan) 8. 31-34 (1960) - Ref.J.Chem.(russ.) 1961. 21 N245. C.A. 57. 8785c (1962).

Lagerung von Bataten-Stärke unter Anwendung von oberflächenaktiven Agenzien. Honbo, K. J.technol.Soc.Starch (Japan) 7. 152-58 (1960) - Ref.J.Chem.(russ.) 1962. 1 N358. C.A. 57. 8785b (1962).

Lagerung von Rohstärke aus Bataten. 1.Mitt. Fukuda, N. und Maezawa, T. J.technol.Soc.Starch (Japan) 7. 102-06 (1960) - Ref.J.Chem. (russ.) 1962. 2 N376. Stärke 14. 438 (1962). C.A. 57. 8784g (1962).

Die Reinigung der Stärke durch oberflächenaktive Stoffe. 6.Mitt. Ein Vergleich verschiedener oberflächenaktiver Stoffe in bezug auf ihre Fähigkeit, Eiweißstoffe aus der Stärke zu entfernen und eine Spaltung der Stärke aus der Batate aufzuhalten. Fujii, T., Tomiyama, S. und Oba, K. J.technol.Soc.Starch (Japan) 8. 1-8 (1960) - Ref.J.Chem.(russ.) 1962. 10 N355.

Anlage zur kontinuierlichen Gewinnung von Stärke aus Bataten. Suzuki, Y. und Sakaguti, K. Sangyo kikai Nr. 115. 25-29 (1960). - Ref.J.Chem.(russ.) 1961. Nr. 10 N316.

Abwässer aus den Süßkartoffelstärke-Fabriken. Ohashi, K. J.technol.Soc.Starch (Japan) 7. 168-71 (1960).

Zerkleinerung von Bataten und Auswaschung der Stärke auf Sieben. Takei, H. J.technol.Soc.Starch (Japan) 8. 11-16 (1960) - Ref. J.Chem.(russ.) 1962. 2 N374.

Pyrogentrocknung von Batatenstärke und Pülpe. Honbo, K. und Okubo, T. J.technol.Soc.Starch (Japan) 7. 158-61 (1960) - Ref.J.Chem. (russ.) 1962. 2 N377.

Tische und Sedimentationsbecken zur Reinigung von Bataten-Stärke. Kuwahata, I. J.technol.Soc.Starch (Japan) 8. 21-23 (1960) - Ref.C.A. 57. 8785c (1962).

Reinigung von Stärke durch oberflächenaktive Stoffe. 2.Mitt. Verhütung des Verderbens von Batatenstärke. Fujii, T. und Tomiyama, S. J.Japan Soc.Food Nutrit. 12. 353-56 (1960) - Ref.J.Chem. (russ.) 1961. Nr. 3 N277.

Reinigung von Süßkartoffelrohstärke mit Hilfe von oberflächenaktiven Stoffen. 3.Mitt. Fujii, T. und Tomiyama, S. J.technol. Soc.Starch (Japan) 7. 58-60 (1959) - Ref.J.Chem.(russ.) 1961. 21 N243. Stärke 14. 440 (1962). C.A. 58. 3590e (1963).

Die Bearbeitung der Batatenstärke mit dem Ziel der Erhaltung ihrer Eigenschaften. Mizukami, M. und Wada, S. Japan.P. 6220 ('59) ausg. 17/7. 1959. - Ref.J.Chem.(russ.) 1962. 4 N377.

Hemmung der Fermentation bei der Lagerung von Rohstärke aus Bataten. Uno, S. und Suzuki, T. J.technol.Soc.Starch (Japan) 7. 53-57 (1959) - Ref.J.Chem.(russ.) 1962. 1 N359. C.A. 57. 8784h (1962). Stärke 14. 439 (1962).

Allmähliche Veränderung der spezifischen Resistenz bei konstanter Druckfiltration und Modifizierung der Filtrationsbeziehung. Sato, T. und Kataoka, H. Chem.Engng.(Japan) 23. 2-10 (1959) - Ref. C.A. 53. 5768a (1959).

Isolierung von Stärkekörnern der Süß-Kartoffeln durch Abbau ihrer Gewebe mit Bakterien. 1.Mitt. Über die Bakterienstämme. Hongo, M. und Kurusu, T. J.agric.chem.Soc.Japan 33. 286-89 (1959).

Änderungen der chemischen und physikalischen Eigenschaften der Stärke in den Wurzelknollen der Süßkartoffel beim Dämpfen. 1. Mitt. Chemische Veränderung der Hauptkomponenten und der Abbau von Stärke beim Dämpfen. Kawai, K., Arima, T. und Ueyama, K. J.Fermentat.Technol. (Japan) 36. 1-4 (1958) - Ref. C.A. 52. 16770a (1958).

Über eine verbesserte Methode der Isolierung von Stärke aus "Doniku", einem bei der Stärkegewinnung aus Bataten anfallenden Produkt. 4.Mitt. Die Wirkung von NaClO bei der Abtrennung der Stärke. Oka, K. und Iwasaki, Y. Bull.Nippon Agric.Res.Inst. 1958. Nr.9. 101-115. Ref.J.Chem.(russ.) 1959. 88143.

Ein Verfahren zur Extraktion von Stärke aus Knollen. Kati, T. Japan.P. 11 933 ('63) vom 22/9. 1958., ausg. 12/7. 1963. - Ref. J.Chem.(russ.) 1965. 9 R333.

Stärke-Sedimentationsprozeß in der Batatenstärkefabrik. 5.Mitt. Anwendung eines Düsenseparators für die Konzentrierung von Stärkemilch. Yamamura, E. und Kono, T. J.technol.Soc.Starch (Japan) 5. 99-105 (1958) - Ref. C.A. 57. 1336f (1962).

Stärke-Sedimentationsprozeß in der Batatenstärkefabrik. 4.Mitt. In die überstehende Flüssigkeit übergeführte Stärkemenge. Yamamura, E. und Kono, T. J.technol.Soc.Starch (Japan) 5. 94-99 (1958) - Ref. C.A. 57. 1336e (1962).

Stärke-Sedimentationsprozeß in der Batatenstärkefabrik. 3.Mitt. Verteilung von Roh-Protein in jedem Stärkesediment während der Herstellung. Yamamura, E. und Kono, T. J.technol.Soc.Starch (Japan) 5. 51-54 (1957) - Ref. C.A. 57. 1336e (1962).

Stärke-Sedimentationsprozeß in der Batatenstärkefabrik. 2.Mitt. Einfluß des pH-Wertes auf den Stickstoffgehalt des Stärke-Sediments. Yamamura, E. und Kono, T. J.technol.Soc.Starch (Japan) 5. 47-51 (1957) - Ref. C.A. 57. 1336a (1962).

Die Transportierung von Süßkartoffeln durch fließendes Wasser. Kuwahata, I. J.technol.Soc.Starch (Japan) 4. 28-31 (1956).

Der Verderb von Süßkartoffelstärke-Pülpe durch Mikroorganismen. Ishimaru, Y. J.technol.Soc.Starch (Japan) 4. 53-56 (1956).

Der Feuchtigkeitsverlust während der Lagerung von Süßkartoffelstärke und die Hygroskopizität von Trockenstärke. Sagiyama, T. und Takeshita, Y. J.technol.Soc.Starch (Japan) 3. 171-7? (1956).

Zur Problematik der Abwässer aus den Süßkartoffelstärke-Fabriken. Nauba, Y. J.technol.Soc.Starch (Japan) 3. 156-62 (1956).

Einfluß von Natriumhypochlorit auf die Qualität der Stärke von Süßkartoffeln. Ogata, M. J.technol.Soc.Starch (Japan) 3. 168-70 (1956) - Ref. C.A. 51. 13432 (1957).

Einfluß von Bleichpulver auf die Eigenschaften von Süßkartoffelstärke während des Herstellungsprozesses. Okazaki, S. und Kishimoto, M. J.technol.Soc.Starch (Japan) 3. 126-28 (1956) - Ref. C.A. 51. 13431g (1957).

Trennung von Stärke aus roher Süßkartoffelstärke im Frühjahr. Nakamura, M. J.technol.Soc.Starch (Japan) 2. 125-26 (1955).

Auswahl geeigneter Süßkartoffelsorten für die Stärkefabrikation. Yamamura, E., Kawano, T. und Kijima, R. J.technol.Soc.Starch (Japan) 2. 121-24 (1955).

Der Einfluß von Neben-Bestandteilen auf die Qualität bei der Herstellung der Süßkartoffelstärke. 1.Mitt. Bedingungen für die Bildung von shibu. Yamamura, E. und Kijima, Motojiro J.technol. Soc.Starch (Japan) 3. 6-10 (1955) - Ref. C.A. 51. 14302d (1957).

Stärke von Ipomea batata. Aziz, M.A. und Mohsin, M. J.Indian chem. Soc. ind. News Edit. 17. 123-26 (1954) - Ref. C.A. 49. 5012a (1955).

Gewinnung von Stärke. Grimaldi, E. und Famigli, C. It.P. 532 214 vom 5/2. 1954. - Ref. C. 1964. 30-2364.

Gewinnung von Stärke aus der Abfallpülpe bei der Süßkartoffelstärkeherstellung durch Nachreiben. Kishimoto, M. J.technol.Soc. Starch (Japan) 2. Nr.1. 25-26 (1954).

Gewinnen von Stärke aus Shibu, einem Rohstärke enthaltenden Latex. Yamamura, E. und Kono, T. J.Utilization Agr.Products (Japan) 1. 71-76 (1954) - Ref. C.A. 48. 12438h (1954).

Gewinnung von Stärke und Protein aus "Shibu". Sato, T., Kamada, M. und Yamazaki, A. J.technol.Soc.Starch (Japan) 1. 10-16 (1953) - Ref. C.A. 49. 9946a (1955).

Gewinnung von Süßkartoffelstärke aus roher Stärke. Fukuoka, K. J.technol.Soc.Starch (Japan) 1. Nr.1. 16-17 (1953).

Stärkemehl aus süßen Kartoffeln. Food Engng. 1951. 200-204. - Ref. 4. 228 (1952).

Herstellung von Stärke aus rohen süßen Kartoffeln und Herstellung von Äthylalkohol aus Stärke. 2.Mitt. Herstellung von Äthylalkohol aus dem Waschwasser von zerquetschten rohen süßen Kartoffeln. Miyaji, N. J.agric.chem.Soc.Japan 22. 80 (1948) - Ref. C.A. 46. 7704f (1952).

Herstellung von Stärke aus rohen süßen Kartoffeln und Herstellung von Äthylalkohol aus Stärke. 1.Mitt. Herstellung von Stärke aus rohen süßen Kartoffeln. Miyaji, N. J.agric.chem.Soc.Japan 22. 78-80 (1948) - Ref. C.A. 46. 7704e (1952).

Stärkeherstellung aus Süßkartoffeln. Bourne, B.A. und Thurber, F. H. Southern Power and Ind. 64. Nr.6. 44-47, 98, 100 (1946).

Gewinnung von Stärke aus süßen Kartoffeln. United States Sugar Corp. übert.von: Dexter, G.M. u. Thurber, F.H. A.P. 2 443 897 vom 23/3. 1944., ausg. 22/6. 1948. - Ref. C. 1948. II. 1242.

Herstellung von Stärke aus Süßkartoffeln. Knight, H.G. Kansas State Hort.Soc.Biennial Rep. 45. 131 (1940).

Herstellung von Süßkartoffelstärke und Verwendung des Kartoffelsaftes. Tomiyasu, Y. Japan.P. 129 721 vom 11/4. 1939.

Gewinnung von Stärke aus Wurzelknollen, bes. aus Bataten. Thurber, F.H. A.P. 2 149 802 vom 18/3. 1938., ausg. 7/3. 1939. - Ref. C. 1939. II. 251.

Herstellung von Stärke aus Süßkartoffeln. Knight, H.G. Manufacturers Record 106. 40 (1937).

Stärke aus Ipomoea Batatas L. und Ipomoea tuberosa L. Heureux, L. L. und Bastin, R. Congr. Chim.ind.Bruxelles 15. I. 419-26. (1935) - Ref. C. 1936. II. 1264.

Verbessertes Verfahren zur Erzeugung von Stärke aus Süßkartoffeln. Thurber, F.H. Ind.Engng.Chem. 25. 919-20. (1933) - Ref. C. 1933. II. 3494.

Gewinnung von Stärke aus süßen Kartoffeln. Riemann, O. A.P. 1 735 976 vom 24/8. 1928, ausg. 19/11. 1929. - Ref. C. 1930. I. 763.

Die Fabrikation von Stärke aus Süßkartoffeln. McDonnell, C.C. South Carolina agric.Exp.Stat., Bull.Nr. 136. 14 S. (1908) - W.Ref. 2301. C.A. 2. 2464 (1908).

283. Betriebskontrollen und Eigenschaftsuntersuchungen

Untersuchungen über die Viscosität von gebleichter Süßkartoffelstärke. 2.Mitt. Honbo, K., Okubo, T., Kawanishi, Y. und Sato, S. J.technol.Soc.Starch (Japan) 12. 48-57 (1965).

Die durch Amylase schwer verflüssigbare Batatenstärke. Die Eigenschaften auf dem Viscogramm und die Temperaturkurve durch ein V.I. Viscosimeter. Fukuii, T., Uta, Y. und Nikuni, J. J.technol.Soc.Starch (Japan) 11. 25-28 (1964).

Schnell-Methede zur Bestimmung der Stärkeverteilung in Süßkartoffeln. 1.Mitt. Beziehung zwischen der Transparenz und des Stärkegehaltes in mit Jod gefärbten Schnitten. Yamane, T. J.technol.Soc.Starch (Japan) 6. 114-20 (1959).

Reinigung der in einer Vollmantel-Zentrifuge gewonnenen Stärke. 1.Mitt. Eigenschaften der gewonnenen Stärke und Prüfung der Reinigungsmethode. Imai, H., Yamazaki, J. und Sakai, R. J. technol.Soc.Starch (Japan) 7. 61-67 (1959) - Ref.J.Chem. (russ.) 1961. 24 N317. Stärke 14. 440 (1962). C.A. (M.) 58. 1623e (1963).

Eine ergänzende Bemerkung über den Kalibrierungsfaktor der Skala von bei der Schnellbestimmung von Stärke in Süßkartoffeln verwendeten Zentrifugengläser. Ono, Y. J.technol.Soc.Starch (Japan) 5. 119-20 (1958).

Bestimmung des Weißegrades von Süßkartoffelstärke durch den Elektrophotometer nach Kett. Arai, K., Yoshikawa, S. und Suzuki, S. J.technol.Soc.Starch (Japan) 4. 133-42 (1957).

Einflüsse von anorganischen Salzen auf den Weißheitsgrad von Süßkartoffelstärke. 2.Mitt. Einflüsse von Eisen und anderen Salzen. Fukuda, T. und Maezawa, T. J.technol.Soc.Starch (Japan) 5. 11-12 (1957) - Ref. C.A. 56. 13303i (1962).

Einflüsse von anorganischen Salzen auf den Weißheitsgrad von Süßkartoffelstärke. 1.Mitt. Methode zur Bestimmung des Weißheitsgrades. Fukuda, T. und Maezawa, T. J.technol.Soc.Starch (Japan) 5. 9-11 (1957) - Ref. C.A. 56. 13303h (1962).

Eine Schnellmethode zur Bestimmung der Verteilung der Stärke in der Batate. 3.Mitt. Yamane, A. J.technol.Soc.Starch 10. 157-62 (1963).

Studien über die Hydrolyse von Stärke. 1.Mitt. Kontinuierliche Verzuckerung von Bataten-Stärke durch Oxal-Säure. Morishita, T., Konaka, S. und Suzuki, S. J.technol.Soc.Starch (Japan) 9. 149-54 (1962).

Ursprung der Verunreinigungen in Süßkartoffelstärke. 5.Mitt. Auswirkung der Chlorogensäureadsorption auf die Herabsetzung des Weißgehaltes von Süßkartoffelstärke. Yamamura, E., Kono, T. und Nakamura, H. J.agric.chem.Soc.Japan 35. 1090-95 (1961) - Ref. J.Chem.(russ.) 1962. 15 N284. Stärke 14. 437 (1962). C.A. 58. 4719g (1963).

Ursprung der Verunreinigungen in Süßkartoffelstärke. 4.Mitt. Wirkung eines Zusatzes von Polyphenol, Oxydase, Ascorbinsäure und Aminosäuren zu Süßkartoffeln oder ihrer Stärke auf den Weißgehalt der gewonnenen Stärke. Yamamura, E., Kono, T. und Nakamura, H. J.agric.chem.Soc.Japan 35. 826-31 (1961) - Ref.J.Chem.(russ.) 1962. 6 N347. Stärke 14. 437 (1962). C.A. 58. 4719e (1963).

Die Gärung von Aminosäure. 4.Mitt. Die Verwendung von Süßkartoffelstärke-Hydrolysaten für die Glutaminsäure-Gärung. Murata, K., Kuroshima, Y., Tagawa, K. und Yakata, T. Rep.Kagawa-ken Shoyu Exp.Stat. (Japan) 53. 27-31 (1961) - Ref. C.A. 62. 15383d (1965).

Schnelle Feuchtigkeitsbestimmung in Süßkartoffeln unter Verwendung eines Pyknometers. Yamamura, E. und Kono, T. J.technol.Soc. Starch (Japan) 9. 10-17 (1961) - Ref. Stärke 14. 440 (1962). C.A. 57. 8785d (1962).

Ursprung der Verunreinigungen in Batatenstärke. 6.Mitt. Einfluß des pH-Wertes von Stärkemilch auf den Weißheitsgrad von Stärke und seine Wirkung. Yamamura, E. und Kono, T. J.technol.Soc. Starch (Japan) 9. 49-56 (1961) - Ref. Stärke 14. 438 (1962). C.A. 58. 4720a (1963). Ref.J.Chem.(russ.) 1963. 3 R262.

Bestimmung des Gesamt-Zuckergehaltes auf Grund der Feuchtigkeit von frischen Bataten. Tsuruta, S., Horii, K. und Hisanaga, S. J.technol.Soc.Starch (Japan) 8. 8-10 (1960) - Ref.J.Chem.(russ.) 1962. 3 N305.

Eine Schnellmethode zur Bestimmung der Verteilung der Stärke in der Batate. 2.Mitt. Der Zusammenhang zwischen der Lichtdurchlässigkeit des mit Jod bearbeiteten Schnittes und dem Stärkegehalt. Yamane, A. J.technol.Soc.Starch (Japan) 7. 97-101 (1960) - Ref.J.Chem.(russ.) 1962. 2 N373.

Herkunft von Unreinheiten in der Süßkartoffelstärke. 2.Mitt. Einwirkung des Gehaltes von Chlorogen und Ascorbinsäure in den verschiedenen Teilen der Süßkartoffel-Wurzel auf den Weißegrad der Stärke. Yamamura, E., Kono, T. und Nakamura, H. J.technol. Soc.Starch (Japan) 6. 64-69 (1959) - Ref. Stärke 14. 437 (1962). C.A. 57. 6191c (1962).

Herkunft von Unreinheiten in der Süßkartoffelstärke. 1.Mitt. Beziehungen zwischen dem allgemeinen chemischen Aufbau verschiedener Teile der Süßkartoffel-Wurzel und dem Weißegrad der Stärke. Yamamura, E., Kono, T. und Nakamura, H. J.technol.Soc.Starch (Japan) 6. 60-64 (1959) - Ref. Stärke 14. 437 (1962). C.A. 57. 6191c (1962).

Elektrophoretische und ultrazentrifugale Untersuchung der Süßkartoffelproteine im Verlaufe der Reinigung von ß-Amylase. Ito, M. und Tanabe, Y. I.agric.chem.Soc.Japan 30. 795-99 (1956) - Ref. C. 1958. 5112.

Verfahrenskontrolle in den Süßkartoffelstärke-Fabriken. 5. Mitt. Goto, F. J.technol.Soc.Starch (Japan) 5. 89-93 (1957).

Verfahrenskontrolle in den Süßkartoffelstärke-Fabriken. 4. Mitt. Goto, F. J.technol.Soc.Starch (Japan) 4. 169-73 (1957).

Verfahrenskontrolle in den Süßkartoffelstärke-Fabriken. 2. Mitt. Goto,F. J.technol.Soc.Starch (Japan) 4. 93-97 (1956).

Verfahrenskontrolle in den Süßkartoffelstärke-Fabriken. 3. Mitt. Goto, F. J.technol.Soc.Starch (Japan) 4. 143-48 (1957).

Verfahrenskontrolle in den Süßkartoffelstärke-Fabriken. 1. Mitt. Goto, F. J.technol.Soc.Starch (Japan) 4. 32-35 (1956).

Siebversuche in den Süßkartoffelstärke-Fabriken 2. Mitt. Modifizierte Methode zur Bestimmung des Sieb-Effektes. Yamamura, E. J.technol.Soc.Starch (Japan) 4. 41-46 (1956).

Siebversuche in der Süßkartoffelstärke-Fabrik. 1. Mitt. Bestimmung der Siebleistung. Yamamura, E. J.technol.Soc.Starch (Japan) 3. 174-79 (1956).

29. Weitere tropische Stärken

290. Allgemeines
291. Marantastärke
292. Sagostärke
293. Sonstige Arrowroot-Stärken

290. Allgemeines

Einheimische Stärken von Pakistan. 2.Mitt. Stärken der Rhizome von Curcuma zedoaria, Knollen von Manihot utilissima und von Ipoemea batata und ihr Abbau durch Speichel- und Taka-Diastase in vitro. Qudrat-i-Khuda, M., De, H.N. und Debnath, J.C. Pakistan J.sci. ind.Res. 5. 30-34 (1962) - Ref. C.A. 57. 10085a (1962).

Medizinische Pflanzen in Pakistan. 3.Mitt. Hocking, G.M. Qualitas Plantarum Mater.vegetabiles (Den Haag) 8. 80-95 (1961).

Bräunung der Stärke von indischen Knollen. Qureshi, M.M. Indian J.appl.Chem. 24. 140-43 (1961) - Ref. C.A. 56. 15897h (1962). Ref.J.Chem.(russ.) 1963. 12 R302.

Getreide und Getreideprodukte. Eigenschaften einiger Stärkeformen und ihrer Rohstoffe in Ost-Pakistan. Qudrat-i-Khuda, M., Mukherjee, B.D., Hossain, M.A. und Khan, N.A. Pakistan J.sci.ind. Res. 3. Nr.3. 159-62 (1960) - Ref.J.Chem.(russ.) 1962. 6 N346.

Die chemische Zusammensetzung der Nahrungsstoffe des südlichen Pazifiks. Peters, F.E. Qualitas Plantarum Mater.vegetabiles (Den Haag) 5. 313-43 (1958/59).

Calcium, Phosphor- und Eisengehalt von japanischen Nahrungsmitteln. 4.Mitt. Knollen und Stärken. Kubo, S., Taira, H. und Tsutsumi, C. Rep. Food Res.Inst. (Japan) 12. 13-14 (1957) - Ref. C.A. 53. 22559i (1959).

Einige weniger bekannte Stärkearten. Wiegleb, P. Z.Spiritusind. 48. 370. (1925) - Ref. C. 1926. I. 1728.

Hawaiische Stärken. Ripperton, J.C. Hawaii agric.Exp.Stat.,Rep. 1921. 38-40 - W.Ref. 2146.

Über die Zusammensetzung einiger stärkehaltiger Produkte, Körner und Knollen aus Französisch-Westafrika. Hébert, A. 8th int. Congr.appl.Chem., Washington and New York, Orig.Commun. 18. 143-46 (1912) - W.Ref. 2098.

Studie über einige Stärken aus den Kolonien. Planchon, L. und Juillet, A. Ann.Musée colon.Marseille Ser.2. 7. 411-556 (1909) - W.Ref. 2086.

Über einige Stärken aus den Kolonien, insbesondere aus Indochina. Decrock, E. Ann.Musée colon.Marseille Ser.2. 7. 325-59 (1909) - W.Ref. 2080.

Westindische Stärken. (Auszug). Buttenshaw, W.R. J.Soc.chem.Ind. 23. 672 (1904) - W.Ref. 2059.

Über einige Mehle oder exotische Stärken, die in der Ernährung gebraucht werden. Balland. J.Pharmac.Chim. 17. Sér. 6; 476-478 (1903) - W.Ref. 1954. C. 1903. I. 1431.

Arrowroot-Herstellung in Queensland. Pharmac.J.Trans. 13. Ser. 3, 224 (1882-83) - W.Ref. 2210.

291. Marantastärke

(Jamaika-, Bermuda-, St.Vincent- oder Natal-Arrowroot, Pfeilwurzmehl)

Stärkevorkommen in Kolonialgebieten. 2.Mitt. Pfeilwurz (Maranta arundinacea Linn). Raymond, W.D. und Squires, J. Trop. Sci. 1. 182-92 (1959) - Ref. C. 1961. 5989.

Der Einfluß von Brunnenwasser (Well Water) aus Antigua auf die Qualität von aus Arrowroot-Rhizomen gewonnener Stärke. Raymond, W.D. und Squires, J.A. Colonial Plant Animal Products 6. 42-52 (1956) - Ref. C. 1960. 3721.

Über Arrowroot und seine Stärkeindustrie. Lammers, Th.C.W. Congr. int.techn.chim.Ind.agric.Scheveningue. C.R. 5.II. 268-74. (1937) - Ref. C. 1938. I. 1016.

Arrowroot. Redgrove, Stanley, H. Food Manufact. 7. 78-79 (1932) - Ref. C. 1932. I. 3123.

Über die Gewinnung von Arrowroot. Leuscher, E. Z.öffentl.Chem. 8. 23-25 (1902) - W.Ref. 2057.

Herstellung von Arrowroot-Stärke in St.Vincent. MacDonald, J.W. J.Soc.chem.Ind. 6. 334-337 (1887) - W.Ref. 2228. C. 1887: 750.

Prüfung der Marantastärke. Calmberg, K. Arch.Pharmac. 54. 353 (1875).

Über das in Basel verkäufliche Arrow-Root. (Auszug). Goppelsröder, F. Chem.Zbl. 1869. 239-40. - W.Ref. 2004.

292. Sagostärke

Die Sagopalme und andere zur Ernährung geeignete Pflanzen der Sumpfbewohner der südpazifischen Inseln. Barrau, J. Econom.Bot. 13. 151-62 (1959).

Sago-Mehl-Aufbereitungsanlage. Lyne, F.A. Food Manufact. 31. 361-64 (1956).

Biochemische Studien der "Sotetsu", der japanischen Sagopflanze. II. Über die chemischen Bestandteile, insbesondere die Geschlechts unterschiede von "Sotetsu"-Stämmen. Nishida, K. und Yamada, A. Bull.agric.chem.Soc.Japan 10. 193-96 (1934) - Ref. C. 1936. I. 3161.

Biochemische Studien der "Sotetsu", der japanischen Sagopflanze. I. Veränderungen der Zusammensetzung des "Sotetsu"-Samens während des Reifens. Nishida, K. Bull.agric.chem.Soc.Japan 10. 78-80 (1934) - Ref. C. 1934. II. 3512.

Gewinnung von gereinigter Sagostärke. National Adhesives Corp. übert.von: D.Fuller. A.P. 2 014 798 vom 17/11. 1932., ausg. 17/9. 1935. - Ref. C. 1936. I. 3589.

Eigenschaften des Sagomehles. Cotton 86. 617-618 (1922) - W.Ref. 2555A.

Die Zuckerpalme. Barrett, O.W. Sugar 16. Nr.7. 65-67 (1914) - W. Ref. 2104.

Zuckerpalmen-Mark. Hines, C.W. Sugar 16. Nr.7. 63-65 (1914) - W. Ref. 2107. C.A. 8. 3728 (1914).

Palmstärke (Sago). Z.Spiritusind. 15. 120-21 (1892).

Sago oder Palmstärke. (Auszug). Dubosc, A. Le féculerie 1. 39-40 (1891) - Ref. Dingler's polytechn.J. 285. 213 (1892). W.Ref. 2041.

293. Sonstige Arrowroot-Stärken.

Nebenprodukte bei der Isolierung von Diosgenin aus indischen Yams. Chakravarti, R.N., Chakravarti, D. und Mitra, M.M. J.Proc.Inst. Chemists (India) 32. Pt. 1.22-25 (1960) - Ref. C.A. 54. 17583i (1960).

Stärke und lösliche Zucker bei Arum italicum Mill. Bourdu, R. Rev.gén.Bot. 66. 209-24 (1959) - Ref. C.A. 54. 16721 (1960). C. 1961. 13601.

Die Verteilung von Trockensubstanz und Stärke im Kormus von "dasheen" (Colocasia antiquorum). Moursi, M.A. und Tayel, M.A. Ann.agric. Sci. (Cairo) 2. 177-82 (1957).

Stärke aus dem Scheinstamm der Banane: Herstellung, Ergiebigkeit, physico-chemische Eigenschaften und Verwendung. Subrahmanyan, V., Lal.G., Bhatia, D.S., Jain, L.N. Bains, G.S., Srinath, K.V. Anandaswamy, S.B., **Krishna**, B.H. und Laksminarayana, S.K. J. Sci.Food Agr. 8. 253-61 (1957) - Ref. C.A. 51. 13432b (1957) C. 1959. 12076. Stärke 12. 283 (1960).

Die Polysaccharide von Colocasia antiquorum (Taro oder Colocass). Amin, E. S. J.chem.Soc. (London) 1955. 2441-45. - Ref. C. 1956. 8648.

Dioscoreastärken. Rao, P.S. und Beri, R.M. Sci. and Cult. 20. 397-99 (1955) - Ref. C.A. 49. 12024d (1955). C. 1956. 14372.

Stärke aus Bananen-Stengeln. Chemie-Ing.-Techn. 26. 719 (1954).

Stärke aus den Knollen von Dioscorea Hispida Dennst. Rao, P.S. und Beri, R.M. Sci. and Cult. 17. 482-83 (1952) - Ref. C. 1953. 2534. C.A. 48. 4238b (1954).

Stärke aus den Knollen von Dioscorea bulbifera Linn. Rao, P.S. und Beri, R.M. Sci. and Cult. 18. 41-42 (1952) - Ref. C. 1953. 621.

Charakteristische Eigenschaften von Shoti-Stärke (Curcuma zeodoria) im Vergleich zu anderen Stärken. Mukherjee, S. und Bhattacharyya, S. J.Indian chem.Soc., ind.News Edit. 8. 4-8 (1945).

Verarbeitung und chemische Untersuchungen von Taro. Payne, J.H. Ley, G.J. und Ahau, G. Bull.Hawaii agric.Exp. Stat.Univ. Hawaii, 86. 3-42 (1941).

Eleusine indica-und Arrowroot-Stärke. L'Heureux, L. und Bastin, R. C.R.XII. Congr. Int. Pharm. 1935. 173-184.

Stärke der Zamia furfuracea. Bull.Imp.Inst. 32. 374 (1934).

Florida-Arrowroot von Zamia floridana. Wallis, T.E. Pharmac.J. Pharmacist 110. 235-238 (1923) - W.Ref. 2158. C.A. 17. 2170 (1923). C. 1923. I. 1460.

Entwässerung (Bananenstärke). Industrial Waste Products Corp. übert. von: W.H. Dickerson. A.P. 1 609 993 vom 3/11. 1922, ausg. 7/12. 1926. - Ref. C. 1927. I. 958.

Bericht über die Zamia-Stärke. Clevenger, J.F. Amer.J.Pharmacy 94. 98-103 (1922) - W.Ref. 2143. C. 1922. II. 1224.

Bericht über die Zamia-Stärke. Clevenger, J.F. J.Amer.pharmac. Assoc. 10. 837-40 (1921) - W.Ref. 2143. C.A. 17. 223 (1923).

Bananenmehl und andere Mehle von tropischen stärkehaltigen Produkten. Eaton, B.J. Federat.Malay States, agric.Bull. 6. 430-36 (1917-18) - W.Ref. 2115.

"Tacca umbrarum". (Auszug). Giron.Farmac.Chim.Sci.affini 63. 116 (1914) - W.Ref. 2106.

Beiträge zur Kenntnis der Banane. Yoshimura, K. Z.Unters.Nahrungs- u.Genußmittel 21. 406-411 (1911) - W.Ref. 2095. C.A. 5. 2275 (1911).

Über Bananenmehl. Sury, J.von. Chemiker-Ztg. 34. 463 (1910) - W. Ref. 2089.

Über Yamswurzeln aus dem botanischen Garten zu Victoria in Kamerun. Thoms. Tropenpflanzer 3. 245-246 (1899).

Hauptgruppe 2 :

Technologie der Getreidestärken und sonstige Stärkerohstoffe

Schlagwortverzeichnis

(Die Ziffern entsprechen der Klassifikationseinteilung)

A

Abwässer bei Maisstärke-Gewinnung 247

- - Weizenstärke-Gewinnung 215

Arrowroot-Stärken 27, 28, 29

B

Bahia - Arrowroot 27

Bananenstärke 293

Batate, Bestandteile 281

- , Stärkegewinnung 282

Batatenstärke 28

- - , Betriebskontrolle 283

- - , Eigenschaftsuntersuchung 283

Bermuda - Arrowroot 291

Brasilianisches Arrowroot 27

C

Cassavastärke 27

Curcumastärke 293

D

Dioscoreastärke 293

E

Einweichen von Maiskorn 2441

Entkeimen von Maiskorn 2442

G

Gerstenstärke 23

- , Kleber 232

- , Stärkegewinnung 231

Getreide, Stärkegewinnung 2

Getreidekorn, Bestandteile 201

Getreidestärken, Allgemeines 200

- , Gemeinsames bei Gewinnung 20

- , Gewinnung 202

- , Gewinnung, Patente 203

- , Nachbehandlung 204

- , Technologie 2

- , Trocknung 204

Glutaminsäure, Gewinnung 205

Gluten von Getreide, allgemein 205

H

Hirsekorn 261

Hirsestärke 26

- , Stärkegewinnung 262

J

Jamaika - Arrowroot 291

K

Keimöl von Weizen 215

- - - , Patente 213

Kleber bei Getreiden 205

- von Mais 246

- - Roggen 222

- - Weizen 214

Kolbenhirsestärke 260

M

Maiskleber 246

Maiskorn, Bestandteile 241

Maiskorn, Einweichen 2441
- , Entkeimen 2442
- , Nassmahlung 2443
- , Quellwasser 2441
Maisstärke 24
- , Abwasserfragen 247
- , Betriebskontrolle 248
- , Eigenschaftsuntersuchung 248
- , Gewinnung 242
- , - , Patente 243
- , Nachbehandlung 245
- , Nebenprodukte 247
- , Trocknung 245
Manihotstärke 27
Maniokastärke 27
- , Betriebskontrolle 273
- , Eigenschaftsuntersuchung 273
- , Stärkegewinnung 272
Maniokawurzel 271
Marantastärke 291
Milostärke 260
Mohrenhirsestärke 260

N
Nassmahlung von Maiskorn 2443
Natal-Arrowroot 291

P
Para-Arrowroot 27
Pfeilwurzstärke 291
Proteine von Getreide, allgemein 205
- bei Mais 246
- - Weizen 214

Q
Quellwasser bei Maiskorn 2441

R
Reiskorn, Bestandteile 251
Reisstärke 25
- , Gewinnung 252
- , - Patente 253
- , Nebenprodukte 254
Rispenhirsestärke 260
Roggenstärke 22
- , Kleber 222
- , Stärkegewinnung 221

S
Sagostärke 292
Sorghumstärke 260
Stärkegewinnung bei Getreide 2
Stärke, tropische 26, 27, 28, 29
St.-Vincent-Arrowroot 291
Süßkartoffelstärke 28

T
Tapiokastärke 27
Tarostärke 293
Technologie der Getreidestärken 2
Trocknung von Maisstärke 245
Tropische Stärken 26, 27, 28, 29

W
Weizenkeimöl 215
Weizenkleber 214
Weizenkorn, Bestandteile 211
Weizenstärke 21
- , Abwasserfragen 215
- , Allgemeines 210
- , Betriebskontrolle 216
- , Eigenschaftsuntersuchung 216
- , Nebenprodukte 215

Weizenstärke
- , Stärkegewinnung 212
- , Stärkegewinnung, Patente 213

Y
Yuccastärke 27

Z
Zamiastärke 293
Zein, Gewinnung 246